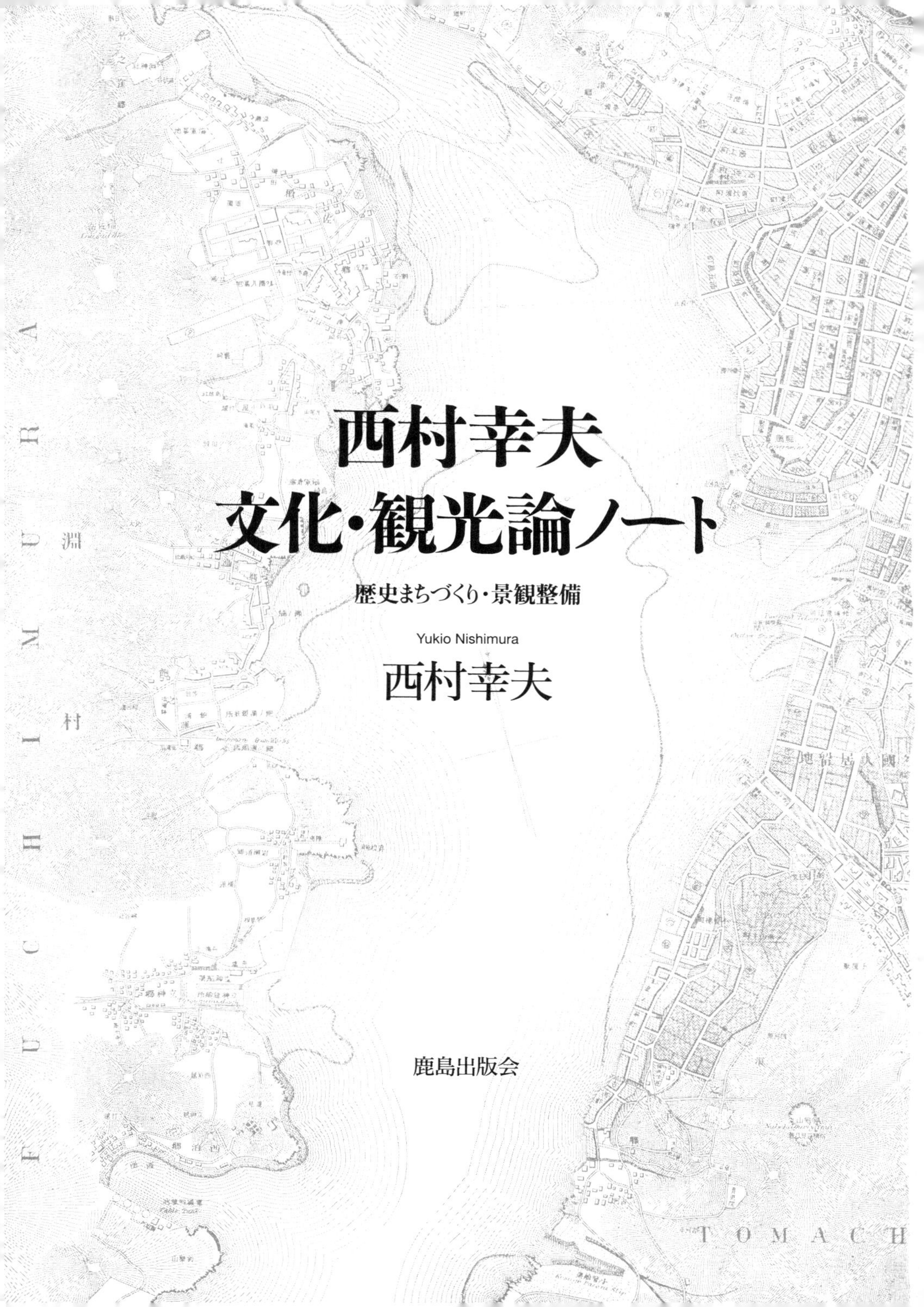

西村幸夫 文化・観光論ノート

歴史まちづくり・景観整備

Yukio Nishimura
西村幸夫

鹿島出版会

装幀：間村俊一

カバー表：鳥取市全図（明治26年12月20日発行）
カバー裏：最近調査山口市街図（大正5年11月20日発行）
表紙：福井市街地図（明治41年6月18日三版）
本扉：長崎市及四近之図（明治30年2月発行）
（『明治・大正　日本都市地図集成』1986年、柏書房より）

はしがき

本書は、『西村幸夫　風景論ノート』（鹿島出版会、二〇〇八年）以降、各所に発表してきた所論のうち、主要なものをまとめたものである。ちょうどこの時期に「歴史まちづくり法」が制定され、「歴史文化基本構想」の仕組みも整い、各地で策定されるようになってきた。両制度の組立てや普及に積極的にかかわってきた身として、折に触れて発言してきたことが本書のもととなっている。

時代は進み、二〇一七年一二月の本原稿執筆時には歴史文化基本構想は歴史文化に関する基本計画として、文化財保護法の改正の中に取り入れられ、法定計画として位置づけられるという議論が進んでいる。一方で、歴史まちづくり法のもとに策定される歴史的風致維持向上計画の計画期間である最大一〇年という枠をひろげ、第二期計画につなげることも二〇一七年度から始まった。私自身もこれらの制度改革の議論に主体的にかかわってきたが、こうした作業を通して、歴史文化を活かしたまちづくりが国土交通省や文化庁の制度の中に織り込まれ、正しく位置づけられることによって、各地の運動が前進することに寄与できたとすると、これ以上の喜びはない。

もちろん制度の改造の議論は徐々に進んでいくので、途中段階での主張には、後から振り返ると論旨の点でも、データのうえでも、やや不十分な点もあると怖れるが、これも時代の証言と思い、本書に収録することとした。

こうした取りまとめを今回も含めて、私自身三回行ってきた。その成果は『都市論ノート』（鹿島出版会、二〇〇〇年）、『風景論ノート』、そして今回の『文化・観光論ノート』として発表してきた。いずれも「ノート」と自称しているように、私自身の心覚えの域を出ないようなとるに足らないものなのかもしれないという自覚がある。そのことはときどきの「はしがき」にも言及してきた。運動論としてみると、過去を振り返りつつ、わずかでも前進することにもそれなりの意味があるように思う。

加えて、この二〇一一五年は、観光をめぐる世論が大きく旋回した時代でもあった。私自身は一九九〇年代から「観光まちづくり」ということを提唱してきたが、当時の観光地の課題は、日本人観光客をいかに国内にとどめるかということであったのに比べると、こんにちのインバウンド観光の隆盛はまさに隔世の感がある。ただし、このブームに便乗して、質ではなく量を追い求めるような観光施策を繰り広げることのないようにしなければならない。その意味で、これまで私なりに追究してきたまちづくりからの観光へのアプローチを第3章にまとめることとした。

私はこの三月に東京大学を定年で退くことになるが、その機会に本書とセットで『講演・対談集　まちを想う』を刊行できることとなった。本書がどちらかというと大枠の制度や運動のあり方を論じているのに対して、『講演・対談集　まちを想う』はより個別の地域を対象としている。併せて手にとっていただけるとありがたい。

両書とも鹿島出版会編集部の安昌子氏、川嶋勝氏と並走しながらここまでやってきた。両氏に厚くお礼を申し上げます。装幀デザインは間村俊一氏にお引き受けいただいた。二冊の本が独立しながら関連しているものであることを本のデザインそのもので示していただいた。感謝申し上げます。

これで一区切りついたので、今後は都市と対峙する方法論について、注力したいと思っている。その成果もいつの日か、皆さんに披露できる日を夢見て、今後も研鑽していきたい。

二〇一八年一月

西村　幸夫

西村幸夫　文化・観光論ノート——歴史まちづくり・景観整備　目次

第1章

文化遺産と歴史まちづくり法

1　文化遺産の可能性——資産から資源へ

I　文化遺産とは何か、文化遺産概念はどこまで広がるのか

「文化遺産」という言葉がこれほど一般的な用語として使われるようになったのはおそらくは一九九二年に日本が世界遺産条約を批准して以降のことであろう。それまで広く用いられてきたのは「文化財」という言葉であった。文化財という用語は、一九五〇年の文化財保護法が議員立法によって制定された際、国会内外の議論の中から生まれてきた言葉である。元来は文化に関わる財を広く定義する用語で、戦前の宝物や史蹟、名勝、天然紀念物などをすべて含み込んだより幅の広い語として案出された。文化財という用語が生まれたことで、従来の保護対象物件はすべて有形文化財としてくくられることになったが、同時に有形との対比から無形文化財という概念が生まれたのもこのときであった。有形と無形の文化財を同時に一つの枠組みで保護の対象とする法律は当時、世界に類を見なかったが、こうした枠組みを提供し得たのも、文化財という用語が発想されたからであった。

文化財はその意味でオープンエンドな可能性を秘めた語でもあった。その後、民俗文化財や埋蔵文化財、さらには伝統的建造物群や近年の文化的景観まで、文化財の概念は外側へ向かって広がっていった。その

ことは文化財保護法第二条の文化財の定義の変遷に明らかである。

このように豊穣な可能性を秘めていた文化財という用語が、ここのところ文化財保護法関連の案件以外ではあまり用いられなくなってきた。代わりに好んで用いられているのが「文化遺産」という用語である。それでは、文化財と文化遺産とはどこが違うのか。

世界遺産条約を見ると文化遺産の定義ははなはだあっさりとしている。記念工作物、建造物群、そして遺跡のうち「歴史上、芸術上又は学術上顕著な普遍的価値を有するもの」（世界遺産条約第一条、ただし遺跡については「学術上」の代わりに「民族学上、人類学上という語が入る」）というものなのである。

しかし、今日のブームともいうべき文化遺産熱はただ上記の定義にとどまるものではない。おそらくは、自然遺産と対をなし、広く人類の未来へ託す遺産の主要な構成要素として考えられていることから期待が高まったのだろう。

つまり、人類の成長や社会の発展といった大きな物語の一環として、自分たちの身の回りの環境のうち将来世代へ引き継げるものを総体としてとらえる視点が背後にあるからこそ、文化遺産という用語に人びとは魅力を感じたのである。実態はともあれ語感のうえで、文化財は過去を語っているにとどまっているが、文化遺産は未来を向いていると大方の人びとが感じているのだ。

二〇〇七年度から二〇〇八年度にかけて実施された国内の世界文化遺産暫定リストの改定をめぐる動きがこうした意識に拍車をかけたとも言える。これは、文化庁が都道府県に対して暫定リスト入り候補の文化遺産の提案を受け付けるというこれまでにない試みで、提案にあたっては複数の国指定文化財から成る地域であることを条件とした。これによって、全国各地で世界遺産の暫定リスト入りをめざした動きが急速に高まり、やや過熱気味の様相も呈しているが、ここで指摘すべきなのは、そうしたフィーバーぶりではなく、複数の資産から成る広域を提案しなければならないという条件を課せられたために、単体の国宝のうえにさらにスーパー国宝を望むといった従来型のピラミッド型の考え方は排除され、複数の資産の組み合わせによって、単体の集合を超えた新しい文化遺産評価の考え方が各地で真剣に検討された点である。おおげさに言えば、地域を評価する新しい視点を各地が競って編み出し始めたのである。その結果生まれてきた提案も二〇〇七年度末段階で三二件にのぼっている。こうした枠組みの中では、従来型の文化財を光らせるだけではなく、地域に埋もれていた資源を新たな発想から評価し直し、改めて文化遺産として位置づけるという姿勢が強く求められることになった。

こうした動きが文化遺産という言葉の一般化に与って力があったということができる。

ただし、話題は世界遺産にとどまるわけではない。草の根の地域遺産や世間遺産を拾い上げ磨き上げていこうという、いわゆる「わが町の宝探し」運動は全国に広がってきているのをはじめとして、アートを地域活性化の起爆剤としつつ、将来の地域遺産や文化遺産として大切に育てていこうという「創造都市」づくりに向けた動きもこのところ急になってきた。

たとえば文化庁は二〇〇八年三月に文化芸術創造都市部門の文化庁長官表彰という企画をスタートさせ、初年度分として横浜市、金沢市、近江八幡市、沖縄市の四市を選んでいる。このうち沖縄市は若手ミュージシャンの育成に力を入れている点が評価されたものだが、その他の三都市はいずれも文化遺産が豊富でかつそれらを大切にしている都市である。文化遺産が都市の創造的な感性を刺激することに繋がっているのだろう。

文化財の側もこうした状況を傍観しているわけではない。一九九六年に始まった登録文化財はすでに二〇〇八年四月現在、六八〇〇件を超えるほどに拡大し、文化財が特別視される時代も終わりつつある。さらに二〇〇四年には建造物に限られていた登録文化財制度が文化財保護法改正によって記念物や有形民俗文化財、美術工芸品にまで広がり、おもに近代の公園や史跡、新しい発想で評価された庭園などを中心に登録名勝や登録史跡が増えつつある。二〇〇八年四月現在その数は合計四二件と未だ少ないが、これから伸びていくだろう。

産業景観	III 産業集積地域	A 鉱業・エネルギー産業集積地域			
			ア	採石場とその跡地利用によって形成される産業地の景観	●石のまち大谷（宇都宮市）
					●庵治石採石地（高松市）
			イ	ダムやエネルギー産業によって形成される産業地の景観	●立山・黒部の景観（富山県富山市・黒部市・立山町、長野県大町市）
		B 製造業集積地域			
			ア	全国的な経済基盤となった大規模製造業施設（群）によって形成される産業地の景観	●室蘭港の工業景観（北海道室蘭市）
			イ	地域の経済基盤となった加工・製造業施設（群）によって形成される産業地の景観	●浜松の楽器・バイク製造工場群（浜松市）
			ウ	伝統産業によって形成される集住・産業・街区景観	●野田・銚子の醤油工場群（千葉県野田市・銚子市）
					●加賀・輪島の漆器（石川県加賀市・輪島市）
					●常滑焼のまち（愛知県常滑市）
					●壺屋（沖縄県那覇市）
		C その他各種産業集積地域等			
			ア	港湾・漁港の景観	●琵琶湖の港（滋賀県）
					●天橋立（京都府宮津市・与謝野町・伊根町）
			イ	遊楽地（温泉地・歓楽街・遊園地等）の形成とともに発展した景観	●酸ヶ湯温泉（青森市）
					●草津温泉街（群馬県草津町）
					●野沢温泉街（長野県野沢温泉村）
					●有馬温泉街（神戸市）
					●城崎温泉街（兵庫県豊岡市）
					●別府温泉街（大分県別府市）
ネットワーク景観（ネットワーク）	IV 連結（ネットワーク）				
			ア	街道など道路によって形成される景観	●北海道のみち（北海道）
					●近世の五街道
					●鯖街道（福井県小浜市・若狭町、滋賀県大津市・高島市）
					●萩往還（山口県萩市・山口市・防府市）
					●四国の遍路道（徳島県、松山市）
			イ	路面電車や鉄道、船、ロープウェイやケーブルカー等によって形成されるネットワークと結節の景観	●箱根登山鉄道（神奈川県箱根町）
					●南海高野線・高野山ケーブル（和歌山県橋本市・九度山町・高野町）
					●尾道の航路（広島県尾道市）
			ウ	橋梁、河川施設、水上交通、都市内の用水によって形成される景観	●貞山堀・北上運河・東名運河・五間堀川（仙台市、石巻市など）
					●隅田川と橋梁群（東京都中央区・台東区・北区・足立区・荒川区・墨田区・江東区）
					●郡上八幡の水景観（岐阜県郡上市）
			エ	海峡景観	●関門海峡（下関市、北九州市）
複合景観	V 復合				
			ア	鉱工業・産業系	●足尾銅山（栃木県日光市）
					●佐渡金銀山（新潟県佐渡市）
					●生野鉱山（兵庫県朝来市）
					●筑豊炭田（北九州市、福岡県飯塚市・田川市・直方市など）
			イ	河川流域系	●最上川流域（山形県）
					●四万十川流域（高知県梼原町・津野町・中土佐町・四万十町・四万十市）
			ウ	陸上交通系	該当なし

表1　採掘・製造・流通・往来および居住に関する文化的景観重要地域一覧

出典：文化庁ウェブサイトより（現在は若干の変更あり）

	大分類	中分類		小分類	重要地域
市街地景観	I 計画的都市・居住空間	A		町割の計画性が基盤となっているもの	
			ア	都城制・条坊制な ど古代の地割が基盤となって形成されるの現在都市景観	●宇治（京都府宇治市）
					●奈良（奈良県奈良市）
					●大宰府（福岡県太宰府市）
			イ	中・近世の町割が基盤となって形成される現在の都市景観	●堺環濠都市（大阪府堺市）
			ウ	（特に近世）城下町が基盤となって形成される現在の都市景観	●高田市街地（新潟県上越市）
					●金沢市街地（石川県金沢市）
					●松本市街地（長野県松本市）
					●高山市街地（岐阜県高山市）
					●桑名市街地（三重県桑名 市）
					●萩市街地（山口県萩市）
		B		計画的な市街地整備に基づくもの	
			ア	既成市街地の整備に よるもの	●大阪市街地（大阪府大阪市）
			イ	計画的な市街地整備によっ て新たに形成されたもの	●神戸市街地（兵庫県神戸市）
					●長崎市街地（長崎県長崎市）
			ウ	計画的に敷設された大通り	●御堂筋（大阪市）
					●平和大通り（広島市）
		C		都市外に開発された居住地	
			ア	郊外居住地	●田園調布（東京都大田区）
					●千里ニュータウン（大阪府吹田市豊中市）
			イ	別荘地	●旧軽井沢地域の別荘地・野尻湖国際村（長野県軽井沢町・信濃町）
	II 街区・界隈・場	A		主に生業に関わる街区・界隈・場	
			ア	一定の街区に集積する同種の商業活動によって形成される商業景観	●本の街神保町（東京都千代田区）
			イ	市場の景観	該当なし
			ウ	問屋の景観	該当なし
			エ	商店街等の景観	●巣鴨地蔵通り商店街（東京都豊島区）
					●石切参道商店街（東大阪市）
			オ	盛り場・遊興地	●浅草界隈（東京都台東区）
					●道頓堀・千日前・法善寺横丁(大阪市)
					●新世界界隈（大阪市）
		B		主に生活に関わる街区・界隈・場	
			ア	通り・路地・並木・坂など、「道」と 区別される「街路」や「広場」によって形成される界隈や場の景観	●大通公園（札幌市）
			イ	学校、公園、博物館、寺社など特別な機能を有する公共建築物・工作物等によって形成される界隈や場の景観	●上野公園界隈（東京都台東区）
			ウ	都市内の居住地	●谷中（東京都台東区）
					●阿倍野区阪南町・昭和町等の土地区画整理地区（大阪市）
		C		その他の街区・界隈・場	
			ア	伝統的な情緒や雰囲気を継承する界隈	●矢切の渡し・葛飾柴又（千葉県松戸市、東京都葛飾区）
					●神楽坂界隈（東京都新宿区）
			イ	看板建築群・倉庫群など、特徴的な機能や意匠を有する建築物・工作物によって形成される場の景観	●平瀬、立神地区煉瓦倉庫群（長崎県佐世保市）

右頁へつづく

文化的景観の分野でも動きがある。上記と同じ二〇〇四年文化財保護法改正によって文化的景観は、文化財の六番目の類型［★1］として正式に認知されたが、当初の農林水産業に関わる重要文化的景観の選定作業の枠組みを超えて、二〇〇五年度からは採掘・製造・流通・往来および居住に関する全国の文化的景観のリストアップ作業を開始し、二〇〇八年五月初旬に約七〇件の重要地域一覧が公表された（表1）。

表でも明らかなように、ここであげられている地域は一つひとつが広大であり、城下町としての金沢市街地や松本市街地から近代の都市計画である田園調布や千里ニュータウンまでじつに多様である。さらには室蘭港の工業景観や別府温泉街のようにこれまでは景観を論じる際にいわゆる文化財とは縁遠かったような地域も含まれている。

つまり、ここであげられた第二次および第三次産業にかかる文化的景観の重要地域は、そのまま凍結的に保存すべき資産というよりも、文化的景観の観点からすると今後の景観誘導において貴重な手がかりをもった資源であると考えた方が良さそうである。文化財の側も将来を見据えた文化遺産的な側面を強めつつあるということができよう。

2　都市計画の側は文化遺産をどう受け止めるのか

将来へ向けた文化遺産という考え方や身近な遺産のうちに新しい価値を見出していこうといった近年の傾向は必然的に都市計画との関係を深いものにしていく。なぜなら、こうした考え方は地域の一定の変化を許容し、あるいは前提としているので、より良い変化へ誘導するための都市計画は不可欠な道具であるからだ。では、現実に都市計画サイドは、こうした動向をどのように受け止めているのだろうか。

一九九〇年代に入り、都市の文化遺産を都市計画規制の例外的存在と見なすのではなく、景観形成の重要な手がかりと考える計画手法は次第に受け入れられるようになり、とりわけ二〇〇四年の景観法制定以降、中央省庁においても地方の自治体においても急速に一般化していった。

たとえば、二〇〇一年の都市計画運用指針の改定において、国土交通省は高度地区の指定が望ましい地区として、従来の商業地域、良好な居住地区という二地区に加えて、「歴史的建造物の周囲、都市のシンボルとなる道路沿い等で景観、眺望に配慮し、建築物の高さを揃える必要がある区域」を加えている。

これを受けて、景観配慮のために絶対高さを規制する高度地区が各地で指定され始めた。たとえば、城下町において天守閣への眺望を保全するためもしくは城下町の町並み保全のための高度地区が小田原市、金沢市、高山市、高知市、丸亀市、佐賀市、唐津市などで、門前町や寺内町の景観を守るための高度地区が葛飾区、大津市、宇治市、橿原市などで指定された。また、金華山の景観を守るために岐阜市で、諏訪湖周辺の景観を守るために諏訪市で、いずれも最高高さを規定した高度地区が近年かけられている［★2］。

景観法による景観計画においてはさらに多くの都市において文化遺産と調和を保つための高さへの配慮が明記されている。ここでいう文化遺産には従来型の個別の文化財や歴史的町並みのほかに歴史的に定着している眺望点からの眺望、都市のシンボルとしての山や海、湖などへの眺望も含まれている。これも広義に考えればその都市の文化遺産であると言えるだろう。

このうえさらに新しい動きがある。二〇〇八年の通常国会に「地域における歴史的風致の維持及び向上に関する法案」、通称「歴史まちづくり法案」が提出され、五月一六日に参議院で可決、成立した。同法は文化遺産を核とした周辺地区のハード・ソフト両面の歴史的環境整備のために国が財政・税制の双方で支援することを目的としたものである。景観法が規制強化を軸とした法律であるのに対して、歴史まちづくり法は支援を軸とした事業法である。

両者がクルマの両輪のように機能するようになると、日本の都市計画も曲がりなりにも歴史や文化を尊重したものとなり、ようやく一人前になると言える。いずれの法律にも文化庁・国土交通省・農林水産省が共管で関わっていることも心強い。

さらに近年のもう一つの追い風が観光である。

観光が二一世紀の世界経済において主要産業の一つとなることは大方の予想するところである。日本も二〇一〇年までに外国人観光客一〇〇〇万人誘致の大キャンペーンを実施中であるが、目標は前倒しで達成されそうである。二〇〇八年の秋には国土交通省内に観光庁が設置されることも決定し、地域自慢から始まる地域おこしであるいわゆる「観光まちづくり」の動きも俄然勢いづいている。その大きな柱として地域の文化遺産があげられる。

たとえば、在日外国人の国内旅行でもっとも評価が高いのは文化的なサイトや日本建築であり[★3]、日本人にとっても海外に発信すべき最有力な「日本ブランド」は神社・仏閣などの歴史的建造物や町並みなのである[★4]。

こうしたなか、旧来型の観光資源だけでなく、地域を見つめ直すことによって新たに浮上してきた文化遺産を地域活性化に繋げようという取組みも各地で始まっている。何も特別なところのない当たり前の田舎暮らしや食生活がそのまま文化的な意味をもち、異郷の人にとっては興味の対象となったり、のんびりできる桃源郷となったりするのである。ここにも文化遺産の新しい可能性を見出すことができる。

3　文化遺産はなぜ大切なのか、これをどのように活かすべきなのか

まちづくりにおいても観光においても、文化財保護の面でも文化遺産のもたらす可能性はかつてなく大きくなっていることはわかったとしても、今ひとつ釈然としない問題が残されている。それは、そもそも「なぜ文化遺産なのか」ということである。

文化遺産を単に日本ブランドの一つの可能性であるとだけとらえるのはあまりに底の浅い認識だろう。まちづくりにおいても、ほかに有効な手がかりが出現したらすぐに乗り換えられるような選択肢の一つと

して考えられているとするならば、これは単なる文化遺産ブームか薄っぺらなナショナリズムに過ぎないということになる。

また、計画立案の面でも、特定の文化遺産を尊重するということは具体的に何をすることなのか、周辺環境の調和とは何をもって評価すればいいのかなど、突き詰めなければならないことは少なくない。問題は、なぜ文化遺産が私たちの生活にとって必要なのか、という根底的な本質論を突き詰めることである。そこから今日の政策や各地の試みを評価し直す視点をもつことである。

それでは、正面から問う――文化遺産はなぜ大切なのか、これをどのような根拠のもとに活かすべきなのか？

おそらく答えはひと通りではない。いくつもの理由が重層しているだろう。

まず第一に、当然のことながら、これら文化遺産は一度毀損してしまうと復旧がほとんど不可能な貴重な財であるということがある。文化と地域の多様性を守るためにもこうした文化遺産の保存は不可欠である。

それだけではない。都市は実験ができないので、将来の指針を得るためには過去から学ばなければならない。過去を冷静な目で客体化し、現時点での視点を梃子に過去を照射することによって、新しい未来の構図を得ることができる。私たちの未来のために過去が必要なのである。

また、世代間衡平の面からも文化遺産の継承が重要だと言うことができる。

さらに原理的に論じるならば、私たちの記憶そのものが身の回りの物理的空間の介在なしには不可能であるということを考える必要がある。一九世紀後半を代表する思想家であり、歴史環境保全の論理を最初に構築した思想家のひとりであるジョン・ラスキンはその著書『建築の七燈』（一八四九）の第六章「記憶の燈」の中で建築の効用について、次のように述べている。

「われわれは建築なしで生きていくことができる。建築なしで祈ることもできる。しかし、建築なしで

は記憶することができない。」[★5]

確かに私たちは抽象的空間を記憶しているわけではない。建築に代表される物理的空間の知覚の蓄積そのものが私たちの認識の構造を決定づけているのである。すなわち過去は私たちの現在の認識そのものを枠づけており、その意味で未来はすでに過去のうちにあるのだ。したがって過去の結晶である文化遺産は未来を決定づけるものとして守られなければならないのである。

町家などの歴史的建築物や歴史的な町並みに代表されるような都市の中の文化遺産に絞って考えると、都市計画とのさらなる関連に思い至る。すなわち、こうした建造物は都市における集住システムの一つの手本としても重要である。

今日の日本の都市にはタワー型のマンション以外にこれといって定着した都市型住宅のスタイルがないという状態にあると言えるが、かつての日本には町家と称される安定した都市型住宅が存在していたのである。こうした事実を手がかりに望ましい現代型の集住スタイルをこの国において構築していくことは私たちの責務でもある。

また、近代以前に成立した都市では、歩行が基本的な交通手段であったため、街路がすべてヒューマンスケールでできているということが言える。今後、歩いて暮らせるまちづくりやコンパクトシティが都市政策の重要な柱になっていくことは疑いないが、その際に文字通り歩行圏でヒューマンかつコンパクトに暮らしていた前近代の都市づくりの知恵は一つの文化遺産として今後にも引き継げる貴重な視点であると言える[★6]。

ここまで見てくると、文化遺産を博物館的に保存することだけでは文化遺産の可能性のごく一部しか発揮することができていないのがよくわかるだろう。過去を振り返るためにはそうした手法は重要であるが、文化遺産の本質的な特質として将来を見通すための手がかりという側面がある以上、その可能性を開く社会的な装置が是非とも必要なのである。将来へ向けたまちづくり、その基本となるまちの理解に向けた手がかりが文化遺産の中に存在している。

4 景観利益の広がりから見えてくるもの

最後に、景観利益の法律論が文化遺産にもう一つの可能性を広げてくれるかもしれないということを示そう。

万葉集にも謳われた瀬戸内海の歴史的な港湾である鞆の浦の湾口部を一部埋め立てて架橋する計画が広島県および福山市によって進められてきたことはすでに報じられているが［★7］、公有水面の埋立免許の仮差止を争う行政訴訟に対して二〇〇八年二月二九日に広島地方裁判所の決定がなされた。同地裁決定は、埋立免許がおりた後にでも免許取消訴訟で争うことも可能であるとして現時点での仮差止自体は緊急性が低いという理由で原告側の申立てを却下しているものの、鞆の浦のいわゆる「歴史的町並みゾーン」約五九〇ヘクタールに居住する原告六三人について法的保護に値する景観利益を有するものとして原告適格を認めた。［付記　その後広島県は埋立て架橋案を正式撤回、訴訟は取り下げられた。］

このことの意義は大きい。文化遺産地域に居住している住民は景観利益の保護を理由にして公共事業を止めるための訴訟を起こすことができるかもしれないということが示されたのである。今後、公共事業を実施することによって得られる便益との比較考量が必要ではあるが、景観利益をもとに公共事業を止めることができるという可能性が初めて判例として示されたのである。ここにも文化遺産がもたらす一つの可能性がある。

5　文化遺産のこれからの可能性——資産から資源へ

文化遺産をめぐる近年の動きは、保存すべき過去を顕彰するものとしての文化財というものの見方から一歩進んで、次世代へ受け継ぐ地域の大切な個性として、さらには、より良い地域理解のための重要な契機としての文化遺産、地域づくりのための貴重な手がかりとしての文化遺産へと次第に深化しつつある。守るべき資産から活かすべき資源へと文化遺産を見る目も広がりつつあるのだ。

（二〇〇八年七月）

註

★1　その他の文化財の類型は、文化財保護法第二条に以下のものが定められている。すなわち、①有形文化財、②無形文化財、③民俗文化財、④記念物（史跡・名勝・天然記念物）、⑤伝統的建造物群である。

★2　大澤昭彦「高度地区を用いた絶対高さ制限の指定状況——二〇〇二年から二〇〇六年までの最近五ヵ年について」、『土地総合研究』二〇〇六年秋号、七四－七五頁。

★3　日本ツーリズム産業団体連合会『在日外国人の日本滞在中の旅行に関する意識調査』（二〇〇五年三月）より。次いで人気が高いのは「文化行事」、「自然及び郊外」である。

★4　内閣府政府広報室「観光立国に関する特別世論調査」（二〇〇四年六月）より。次いで「海、山、川、里山などの自然環境」、「伝統芸能や祭り、伝統産業」となっている。

★5　Ruskin, J., *The Seven Lamps of Architecture*, 1849. Republished in 1989, p.178.　邦訳は杉山真紀子訳『建築の七燈』（鹿島出版会、一九九七年）など。

★6　文化遺産の保存の原論に関しては、西村幸夫『都市保全計画』（東大出版会、二〇〇四年）の序章「都市保全計画とは何か」三－四四頁に詳しい。

★7　窪田亜矢「鞆の浦埋立架橋計画をめぐる考察——風景を破壊する「公共事業」」、『環境と公害』第三七巻第二号、二〇〇七年秋号、四七－五三頁。

2　景観行政のこれまでとこれから

景観法が制定されてから、約一〇年が経過した。この間、各地の景観行政にはどのような進捗や成果があったのか。また、どのような課題が出てきているのか。これまでの一〇年を振り返るとともに、これからの一〇年を展望する。

1　景観法の成立とその後の一〇年

二〇〇三年七月、国土交通省は「美しい国づくり政策大綱」をとりまとめ、社会資本の整備は手段であり、その先に魅力ある国をつくり上げることこそ目標であることを自省を込めて謳い、一五の具体的施策を明記している（表1参照）。これらの諸施策はその後、各方面で実施されることになるが、なかでも制度上特筆すべきなのは「景観に関する基本法制の制定」に関して二〇〇四年六月に景観法が公布されたことだった。

景観法は基本理念として、「良好な景観は、……国民共通の資産として、現在及び将来の国民がその恵沢を享受できるよう、その整備及び保全が図られなければならない」（第二条）と明記している。同法によって、それまで各地の自治体で試みられてきた景観条例に国法上の後ろ盾が与えられたのである。基準に適合しない建造物に対しては、変更命令もできるようになった。のみならず、景観計画や景観地区、景観協定、景観整備機構などの事業上の仕組みにも言及しており、基本法制定という「美しい国づくり政策大綱」の提案を超えて、目的達成のためのツールまでも規定したものであった。

こうした進展の背景には、景観法の制定前夜、全国で景観訴訟が相次いでいたことがあった。なかでも

1	事業における景観形成の原則化
2	公共事業における景観アセスメント（景観評価）システムの確立
3	分野ごとの景観形成ガイドラインの策定等
4	景観に関する基本法制の制定
5	緑地保全、緑化推進策の充実
6	水辺・海辺空間の保全・再生・創出
7	屋外広告物制度の充実等
8	電線類地中化の推進
9	地域住民、NPOによる公共施設管理の制度的枠組みの検討
10	多様な担い手の育成と参画推進
11	市場機能の活用による良質な住宅等の整備推進
12	地域景観の点検推進
13	保全すべき景観資源データベースの構築
14	各主体の取り組みに資する情報の収集・蓄積と提供・公開
15	技術開発

表1　美しい国づくりのための15の具体的施策

出典：『美しい国づくり政策大綱』2003年7月

注目を集めたのが国立マンション訴訟であった。マンション建設禁止の仮処分申立ての却下が確定（二〇〇〇年一二月）した後、本訴が提起され、二〇〇二年一二月に一審で原告勝訴の後、控訴審が進行中という時点で、「美しい国づくり政策大綱」が発表されている。その後、二〇〇四年一〇月の二審判決では原告の逆転敗訴、そして二〇〇六年三月の最高裁において、二審判決は維持されたものの、景観法制定を受けて、「都市の景観は、良好な風景として、人々の歴史的又は文化的環境を形作り、豊かな生活環境を構成する場合には、客観的価値を有するものというべきである。（……）良好な景観に近接する地域内に居住し、その恵沢を日常的に享受（……）する利益（以下「景観利益」という）は、法律上保護に値するものと解するのが相当である」（最高裁判決、二〇〇六年三月三〇日）として、法律上守るべきものとしての「景観利益」というものがあり得ることが確定したのである。

　この時点からほぼ一〇年が経過した。この一〇年に各地の景観行政にどのような進捗があったと言えるのか、また、今後のさらなる一〇年に向けて景観行政はどのように進めていくべきなのかについて展望したい。

国土交通省のデータによると、二〇一五年九月末段階で、景観行政団体は六七三団体、景観計画を策定しているのは四九二団体にのぼっている。これは基礎自治体の三分の一を超える数である。合併で自治体数が減少しているとはいえ、景観整備を行政課題の一つととらえる自治体の数が三分の一を超えているという事実は、景観法以前ではまず考えられなかったことである。

また、景観法の制定によって、「景観の利益は主観的で定量化できず、裁判所が判断することが適当とは考えられない」（国立マンション裁判高裁判決、二〇〇四年一〇月二七日）といった法廷での対応も一定程度収束していくことが予想された。

確かに、景観法の制定によって、これまで客観的な価値を論じることが困難だった景観というものに光が当たり、市民感覚においても、国が景観にまで手を差し伸べるようになったということによって、景観破壊の阻止や景観整備の推進への共感が得やすくなったということは疑いのないところだろう。景観は生活環境の総合的な指標であるとの主張も、量の充足から質の追求へ、あるいはフロー偏重からストック重視へ、郊外整備から都心回帰へ、国主導から地方分権による自治体主導へ、などといった人口減少時代に突入したこの時代の雰囲気を代弁していたということもできる。

しかし、一〇年余が経過して、各地の景観行政はどのような成果をもたらしたかということを細かく振り返ってみると、さまざまな課題も見えてくる。

まず第一に、現実を見ると、各地の景観はそれほど変化していないのではないか、つまり、景観法はそれほど有効に機能していないのではないか、という素朴な疑問がある。そもそも景観の保全や整備は一朝一夕にはいかないものであるが、景観法が制定されたことによって各地の景観がすぐにでも向上するのではないか、景観にそぐわない建物の建設は待ったがかかるのではないか、といった期待がにわかに高まったことがその背景にある。

景観法が想定している基本的枠組み――それはそれまで各地で施行されてきた自主条例としての景観条

例の枠組みでもあるが――は、建設行為など景観上影響の大きな一定規模以上のアクションが行われる際に、これをチェックして誘導する、というものであり、各地の景観を能動的に改善していくような仕組みにはなっていないのである。こうした受動的な規制は、確かに有用な場面もあることは疑いないが、建設行為が発生しないときには、地域の景観保全や景観整備には何の関与のしようがないということにならざるを得ない。

したがって、景観地区のように強力なコントロールをかけることのできる地区であっても、実際に景観が目に見えて改善されていくようなことはなかなか実感できないというのが現実である。

また、景観地区の制度そのものがあまり活用されていない。二二市区町村に三九地区に過ぎないのである（二〇一五年九月末現在）。各種の規制を前面に押し出して地区指定をすることにためらいがある。かといって定性的な基準では、勧告や変更命令を出すのは難しいという現実がある。景観計画を立案するといった文書づくりや緩い規制の網掛けはこの一〇年で大幅に進んでいるのと比較すると、詳細で厳格な規制に踏み込む自治体が一握りに限られているのが、残念ながら今日の状況である。

第二に、景観法の主たるねらいは景観条例による規制に国法としての根拠を与えることにあるので、いわばムチの強化であるが、一方で景観に関心の薄い自治体には効果が薄いという点があげられる。アメにあたる補助金などの仕組みがないからである。国庫補助金というものはかたちを変えた国による地方の支配であるので、地方分権の時代にはふさわしくないというのが当時の論調だった。

この後、二〇〇八年にいわゆる歴史まちづくり法が制定され、歴史的風致を維持向上させるという目的で各種の支援措置が導入された。これによってムチだけでなく、アメも用意されることになった。しかし、歴史まちづくり法が適用されるのは、国指定の文化財等が存在する自治体に限られるので、景観一般の保全・整備というわけにはいかない。

第三に、より根源的な問題として、この一〇年間に政権交代や大災害などが重なり、政策や世論の方が大きく変化していったことがあげられる。

たとえば、地方分権という時代の趨勢がまったく変化してしまった。景観法は、制定時には、地方の時代の申し子だと表現されていた。景観を規制するための具体的な手法は、国が選択肢を提示するのではなく、地方公共団体に委ねられているし、景観規制を行うか否かも地方の判断に任されていた。その裏には、地方に画一的に業務を押し付けるようなことは分権の趣旨に反するので、やるべきではないという判断があった。

ところが今日では、地方創生という号令のもと、多額の交付金を目当てに、地方が一律に知恵比べの（そしてあまり勝ち目のない）競争をさせられるという政策が繰り広げられている。地方分権では立ち行かなくなるほど、地方が疲弊しているということなのだろうか。

二〇〇六年、第一次安倍内閣スタート時には「美しい国」が叫ばれたが（ただしここで言う「美しい国」はその三年前の「美しい国づくり政策大綱」のいう「美しい国」とは別物）、第二次安倍内閣ではアベノミクスばかりが喧伝されるようになった。

また、二〇一一年三月に起きた東日本大震災以降は、景観問題は国土強靭化の議論にかき消されがちである。二〇一六年四月の熊本地震も同じ問題を再提起することになった。災害からの復興は、復旧の先にさらに魅力的な地域をつくることをめざすべきなのに、目の前の対応に追われ、なかなか議論がその先にまで及ばない。

加えて、空き家問題が待ったなしになってくると、国も地方も空き家対策に重点がシフトしてくる。空き家対策特別措置法（二〇一四年一一月公布）が制定され、国土交通省によると、同法に定める空き家等対策計画を策定予定の自治体は二〇一五年度段階で一三二三団体にのぼっている。保安・衛生上の問題や空き家の活用問題が議論を呼び、それが結果として地域の安定した景観を生み出している点は副次的にしか意識されていない。

2　現在の地点を確かめる

以上のようなこの一〇年の状況の変化のなかで、現時点において、景観問題は下火になってしまったのか。「美しい国づくり政策大綱」が二〇〇四年時点で謳った「事業における景観形成の原則化」といった事業の質の向上という視点は、ここ一〇年のうちに提起されてきた緊急課題の前に色あせてしまったのか。いや、けっしてそうではないはずである。そうした問いの立て方自体が正しくない。

景観の問題は今日の緊急課題と並行して進めることのできる課題なのである。景観の問題は、国土全体の魅力を高めることが最終的な目標であり、国土の魅力度を測る有力な総合的環境指標の一つとして景観がある。景観はまた、各地の地域イメージの根幹を形成している主要素として重要である。その意味で、景観は非常に長期的な政策課題ということができる。

もちろん、景観は一つひとつの建設行為や現状変更のアクションの積み重ねで変化していくものであるから、個々の具体的なアクションに関与していくことは当然必要ではあるが、それだけで完結するものではない。国土強靭化や空き家問題などの他の政策課題と比較しても、より長期の見通しと努力が必要である。その意味で他の政策課題と競合するものではなく、並行して、ともに政策の「質」を向上するための視点として活かすことができるものである。短期的な緊急課題と両立すべきものなのである。景観はその点で価値を生むことができるのだ。

もうひとつ、景観の問題に特徴的な点は、長期的な政策課題であると同時に、地区レベルでの具体的な環境問題として自治体が率先して実施しなければならない課題だという点である。

たとえば、二〇一五年三月の北陸新幹線開業以来、金沢ブームが続いているが、その理由は単に金沢が首都圏から行きやすくなったからばかりではない。金沢市は全国に先駆け一九六八年にわが国初の歴史的環境保全型の地方条例である伝統環境保存条例を施行し、以降、こまちなみ保存条例（一九九四年）や用水保全条例（一九九六年）、斜面緑地保全条例（一九九七年）、社寺風景保全条例（二〇〇二年）、沿道景観形成条例（二〇〇五年）、夜間景観形成条例（二〇〇五年）、景観条例（二〇〇九年）など、継続的に景観整備の諸施策を打ち続けている。

事業制度としても、金沢市では文化財建造物の保存修理だけではなく、町家再生活用事業、こまちなみ保存修景事業、歴史的建造物保存活用事業などを実施しているほか、伝統建築の職人技を伝承するための金沢職人大学校の運営を行っている。

さらに、市役所内の推進体制として、文化財行政部門を都市政策局の中に置き、これと都市整備局内の都市計画課や景観政策課、土木部道路建設課などが「まちづくりフロア」として同じフロアの一角を占め、相互に連携できる仕組みが整っている。

こうした態勢を長年維持してきたからこそ、一過性ではない今日の金沢ブームが生まれたのである。これは何も金沢市に限ったことではない。来訪者が多く、景観が優れていることで知られる各地の自治体は、多かれ少なかれこのような努力を長年続けてきているのである。

他方、魅力的な都市景観を新たに創出していくという動きもゆっくりとではあるが、着実に進んできている。たとえば、電線地中化について、二〇〇九年以降は整備速度がやや落ちてはきているものの、それでも年平均で三〇〇キロメートルを超す道路の無電柱化が進んできている。また、県都の顔と言える駅前整備について見てみると、ここ数年以内だけを見ても、富山や福井、甲府、浦和、大分などで駅前広場の大規模な再整備が進められ、魅力的な都市空間が生まれている。東京でも、丸の内駅舎の前の広場の再整備が目下進行中である。新しい駅前の景観がまちの魅力を増進し、従来からのまちのイメージを大きく変える力をもっているということを多くの市民が実感しつつある。

このように景観問題は地域住民にとって、ごく身近な問題でもある。行政制度や部局の縦割りを超えて、一目瞭然で問題が実感できる手の届く課題である。市民参画によるまちづくりの手がかりとしても、景観問題は恰好のテーマである。景観問題を理解するのに特別な専門用語は必要ないからである。景観問題には担当の一部局を超えた総合性があり、まちづくりの重要な基点の一つとなり得る。

また、この一〇年の景観をめぐる市民運動の流れを見ると、景観条例や景観計画の定着によって、景観問題を議論することは何ら特別なことではなくなった。景観の問題は主観の問題だと否定的にとらえられることはめっきり減少した。伝統的な家屋をオフィスやショップ、ゲストハウスや住居などとして再利用することにビジネスの可能性を見出す人も多くなり、むしろリノベーションそのものがブームとなりつつある。

しかし同時に、地方自治体にとっては、目の前の就労機会を増大させること、それを梃子にした人口増こそが地方創生であるという圧力に直面して、短期的施策に終始せざるを得ず、景観施策のような長期的課題がないがしろにされてしまうという事態がさらに深刻化しつつあるのも現実である。「消滅可能性都市」といったセンセーショナルな問題提起がなされるなかで、景観行政をどのように位置づけるのか、景観で飯が食えるか、ということが問われている。

こうした現状のもと、景観行政はいかなる中期的展望をもてるのだろうか。

3　景観をめぐるこれからの一〇年

景観は確かに価値を生む。観光地や都心の目抜き通りのように景観が現実に経済的な意味をもっているところも少なからずある。しかし景観一般の価値を考えると、地域の景観が見直されたり、改善されたりするためには長い年月を要するため、草の根の文化運動として、もしくは規制や誘導を通して自治体が実施する地道な行政施策として、長い時間をかけて価値が実現されるものであると言える。したがって、景観は短期間に飯の種にできるかどうかで判断されるべき問題ではない。むしろ、短期的な政策課題と両立させることによって、地域の価値はさらに高まるのである。

めざすべきなのは、地域の固有性をベースとした、地域の総合的な魅力づくりであり、その中で景観は文化の質の高さを象徴し、地域の環境の豊かさを示す確実なイメージリーダーとして、重要な役割を果たすことになる。

良好な景観は、「国民共通の資産」（景観法第2条）として当然めざすべき目標として多くの人びとに共有されることによって、私たち自身の文化として血肉化されていくことになる。そうしたかたちで景観行政は成熟していくことになるだろう。

そのとき、景観を規制する側と景観から便益を受ける側との間にミスマッチは昇華され、良い景観を創造する努力とそのための費用負担のあり方の不均衡の問題は、大きな文化行政の枠組みの中では、問題として表面化しない方向に進んでいく。たとえば、ヨーロッパの諸都市では詳細な景観規制が実現しているから、現在の美しい町並みがあるのだということに不満をこぼす住民はほとんどいないのである。成熟した都市には成熟した都市計画規制があり、それが成熟した都市景観をもたらしているのである。

したがって、日本においても、景観の問題は、ここ一〇年の間に進められてきたように、具体的な地区スケールの景観の保全・整備の問題として、住民も声を上げ、個々の地方公共団体の責任のもとに、詳細な景観規制が実施できるような環境を作り出していかなければならない。その背景には、良好な景観には市民が共有できる価値があり、それは努力して保全し、あるいは形成していくに値するものなのだという文化が定着していく必要がある。

和歌山県では、二〇一一年に建築物等の外観の維持保全及び景観支障状態の制限に関する条例（通称景観支障防止条例）を制定し、「著しく劣悪な景観により県民の生活環境が阻害されることを防止するため」（条例第一条）、建築物等が廃墟化し景観上支障となることを禁止し（同第二条）、そのような廃墟については、周辺住民は除去などの措置をとるよう共同で知事に要請することができる（同第四条）と定めている。

実際にこの条例に基づき、二〇一四年四月に廃墟となった特定の一建物に対して景観支障除去措置をとるように勧告、次いで二〇一五年九月に除去命令がなされたものの、対応がなされなかったことから、二〇一五年一二月にはついに建物除去の行政代執行が実施された。これはおそらく劣悪な景観を理由に廃墟が強制的に撤去されたわが国初の事例である。

ことは財産権に関わる問題であるので、慎重な対応が望まれるが、周辺住民にとっても廃墟によって自らの財産の価値が損なわれるという事態に対して、適切な措置をとることに根拠を与えるものとして、景観問題をさらに前へ進めるものということができる。景観法が良好な景観は国民共通の資産であると謳う段階から、一歩踏み出して、和歌山県条例の場合、生活環境を守るためには劣悪な景観を除去するところにまで至っているのである。

このように良好な景観が価値を有すること、逆に言うと劣悪な景観は周辺環境の価値を減じてしまうことをもとにした景観悪化防止の行政施策が今後一〇年のうちに、さらに増えていくことが予想できる。事実、空き家問題は言うに及ばず、大規模太陽光発電施設や風力発電装置の設置が景観の悪化をもたらすことに反対する動きも全国に広がってきており、事前チェックや事後の具体的な対応策をとる仕組みは今後、より詳細になっていくだろう。

一方で、今後も大きな伸びが予想されるインバウンド観光は、これからの景観行政のあり方にも影響を与えるものと思われる。日本の魅力の一つとして、豊かで多様な文化が共存しているところをあげることができるが、これを言葉の通じない相手に伝える効果的な手段は目の前の景観で示すことである。まさに「百聞は一見にしかず」である。むしろ、豊かで多様な文化はおのずとそれ相応の風景として問わず語りにその価値を伝えてくれることになる。

二〇二〇年の東京オリンピック・パラリンピックの開催が、景観整備に関しても、インバウンド観光に関しても、一つの大きな目標年次として存在していることも、景観行政を考えるうえにおいて重要である。日本各地の魅力的な景観を全世界にアピールできるまたとない機会がやってくる。

魅力ある景観は人口減少を補って余りある交流人口が生むことになるだろう。同時に、魅力ある景観は地域住民の誇りでもあり、魅力ある地域づくりのイメージリーダーとなる。魅力ある地域づくりという大きな目標に向けて、景観行政もその一翼を担い続けることを期待したい。

（二〇一六年六月）

3　景観・歴史文化施策への期待と注文

Ⅰ　景観整備の二側面——最低基準の底上げと最高水準の向上の同時的実現に向けて

新たに衣替えをした国土交通省の公園緑地・景観課の中に都市計画課の景観室が景観・歴史文化環境整備室として拡充・移管されたことは、これまで景観法の番人として機能してきた景観室が、それだけではなく、新たに制定されたいわゆる歴史まちづくり法のもとで動き出すことになる歴史的環境形成総合支援事業を担当することになったことを示している。

つまり、景観整備のための規制強化施策であった景観法の運用というムチの側面あるいはコントロールの側面と、新規事業による補助金支出というアメの側面あるいはプロジェクトの側面というふたつの面を同一の室が受け持つことになったのである。

それも従来ならば景観整備の補助金というと公共事業の単価を上積みするような整備事業の高質化がめざされることが大半であったところを、大きく発想を転換して、歴史や文化を基調としたまちづくりを支援しようというのである。その意義は大きい。

一般的に行政施策は最低基準の底上げには有効であるが、最高水準の向上、すなわちより質の高いプロダクトへの誘導にはなかなか効果が発揮できないという限界があった。これは公平・平等を旨とする行政組織の宿命ともいうべきものであった。

しかし、それを克服する努力もこれまでにやられてこなかったわけではない。たとえば、各種モデル事業による新しい試みの奨励はすでに三〇年近い歴史がある。ただ、こうした特例的な補助金による誘導では、例外的なプロジェクトの支援は可能であっても、その他大勢の公共事業にとって標準型の枠を超えることは困難であったし、民間の建築物に対する助成措置についても、国庫を導入してまで特定個人の資産の価値を上げることを手助けするような仕組みでは一般の理解を得にくかったと言える。

そのうえ、奨励的な補助金にしても、行政の公正性を保つうえで画一的な採択基準は避けられず、その結果、横並びの事例がそろうことになる。これまで規制改革特区のような地方提案型の改革もなくはなかったが、特区という性格上、効果も限定的にならざるを得ない。一方、特区が全国展開されることになると、固有性は逆に減じられることにもなりかねない。

景観整備に関しても、景観法は規制強化という側面と地方独自の景観計画による個性的な景観行政推進という二面性をもってはいるが、いかんせん、独自性を発揮する面での事業面でのインセンティブがわずかしかなかった。加えて、国土交通省の守備範囲外ではあるが、一方で地方が独自色を発揮することを鼓舞しておきながら、もう片方で地方財源を絞り込んでしまい、動きがとれなくなってしまうという矛盾した政策がとられているのである。

こうした従来の政策に比べ、歴史まちづくり法とそのもとでの歴史的環境形成総合支援事業ほかの施策はどのような特性をもっているのだろうか。

ひとつにはこの施策が歴史的遺産というまさしく当該地域の固有の資産を軸に作られていること、すなわち結果的に画一化してしまうような行政施策とは一線を画している点がある。

従来、こうした施策は文化財行政として文化庁や地元の教育委員会によって担われてきた。今回、歴史まちづくり法が文化庁との共管（農林水産省を含む三省庁の共管）であることにみられるように両省庁の連携が図られることによって、歴史や文化という地方固有の資産を軸としたまちづくりに国土交通省が本格的に関与することになるという点で画期的である。

さらに、この点における財政支援を個々のプロジェクト単位で個別に行うのではなく、地元が作成するいわゆる歴史まちづくり計画という歴史文化のマスタープランのもとに計画的に実施していくことを国が認定するという仕組みをとることによって、地元主体で計画的総合的に行われる歴史を活かしたまちづくりに対して国が支援するという仕組みが整えられた点である。質の向上を画一化を避けるかたちで実現できる工夫が凝らされているのである。

また、この計画によって、これまでまったく不十分だった文化財周辺のバッファーゾーンのコントロールや環境整備に一定の方向を与えることが可能となった。つまり、これまで点的だった文化財保護行政が、文化財を軸とした面的なまちづくりへと広がる契機となるのである。

歴史や文化を軸に景観整備を進め、地方の主体性と独自性を保持しつつ、全国の景観上の魅力を広く向上させていくという相異するふたつの側面が同時に実現するような方策のスタートが切られたのである。これは大いに期待したいことである。

2　これからの景観行政への注文

このように歴史や文化を活かした総合的な景観行政を進める枠組みが整いつつある現段階ではあるが、これで満足というわけにはいかない。まだまだ乗り越えられるべきハードルが存在している。そのうち主要なものは以下の通りである。

第一に、先に景観行政に関してアメとムチ——コントロールとプロジェクトが景観・歴史文化環境整備室に統合されたと述べたが、両施策はまだうまく連動しているとは言い難い。つまり、景観法に基づく景観計画を策定したところや景観地区を定めたところに歴史まちづくり法による支援措置が直接結びついているわけではないのである。

歴史的環境形成総合支援事業やその他の支援措置を得るためには、自治体が作成する歴史まちづくり計画が国によって認定されなければならないうえ、歴史まちづくり計画と景観法関連の規制措置とは必ずしもセットで手当てされているわけではないからである。

ただし、おそらくは歴史まちづくり計画の認定にあたっては、何らかの景観規制が実施されていることが前提となるであろうから緩やかな連携はなくはないと言える。

このあたりの連携を今後どれだけ誘導できるかが非常に重要になってくるだろう。歴史まちづくり法が定める財政的な支援措置がばらまきとして批判されるのか、したがって今後の国の財政事情によって浮沈を経験することになるのか、それとも大きな効果を上げて国の魅力向上のための重要施策として受け継がれていくのかは、この点にかかっているとも言える。

このことと関連して、第二に、歴史まちづくり計画の国による認定の仕組みが、全般的な景観規制強化だけでなく、官民の連携促進や文化財の保護や活用に関する意識の啓発、NPOなどの民間非営利組織の活動の間接的な支援などにも資するような透明かつ公正な仕組みとして欲しい。認定のプロセスそのものを通じて、こうしたことが民主的に誘導されるような政策が必要である。

第三に、今後各地で策定されていくであろう歴史まちづくり計画が、地方における歴史文化を活かした真のマスタープランとして育っていくように注意深く見守っていく必要がある。

現在のスキームでは、歴史まちづくり計画は国指定の重要文化財などの確固としたコアを中心に策定しなければならないとされている。これはむやみに根拠のないテーマパークをつくらせないという意味での本物主義を貫いているという点では評価できるが、国指定レベルの文化財がないところは計画策定にすら進めないという意味では偏りがある。歴史まちづくり計画が単なる重要文化財のバッファーゾーン整備計画か、もしくは歴史的建造物の復元プロジェクトの寄せ集めのような姿にならないか監視していなければならない。

歴史まちづくり計画の認定が期限付きで、数も限定されている点も気がかりである。予算配分の加減ではしりすぼみになりかねないうえ、そもそも長期にわたるはずの歴史を活かしたまちづくりが短期的な認定期限付きでスタートすることはいかにもアンバランスである。長期的な視野に立った支援策がどのように可能か、金銭による支援に限らず、方途を模索してもらいたいと思う。［付記　地域における歴史的風致の維持及び向上に関する法律運用指針は二〇一七年三月三一日に一部改正され、次期計画の認定申請が可能であることが追記され、そのための条件として景観計画を策定することが示された。］

また、同種のマスタープランとして、同じく二〇一七年度から文化庁によって地方公共団体による歴史文化基本構想づくりのためのモデル的な補助事業である文化財総合的把握モデル事業が開始されている。これにも歴史まちづくり計画同様、数多くの自治体が関心をもっており、同時に両方の補助事業に応募した自治体も少なくないようだ。両者の関係をうまく整理して、国土交通省と文化庁との協働のお手本となるような連携を進めていって欲しい。

第四に、各地の自治体が工夫を凝らして策定する歴史まちづくり計画の固有な特色をうまく全国にフィードバックして、個性あふれるまちづくりを全国展開するためのノウハウの蓄積をこの機会に進めていって欲しいものである。

そのためには歴史まちづくり連絡協議会のような自治体間の連絡組織が適切なのか、全国町並み保存連盟の官民協働版としての全国歴史まちづくり連盟のようなＮＰＯがいいのか、全国路地のまち連絡協議会のようにまちづくりの専門家が下支えするネットワークがいいのか、あるいはウィキペディアの歴史まちづくり版のようなヴァーチャルな集合体が適切なのか、歴史まちづくり大賞のような顕彰制度が効果的なのか――これから歴史まちづくり計画の実施後のレビューや第三者評価などを通して模索していって欲しい。

最後に、今回の歴史まちづくり法関連の施策を実施すれば、景観や歴史文化を重視するまちづくりが十全に進むというほど今回の法制度は網羅的ではないということに留意しなければならない。

景観・歴史文化整備室の守備範囲だけで、質の高い景観整備がそのまま実現すると考えている楽天家も少ないかもしれないが、屋外広告物の整序や無電柱化の推進など、より地道にしかし粘り強くやり続けていかなければならない重要課題があるということを忘れてはいけない。

もちろん今回の歴史まちづくり計画においてもこれらのことに対応することは可能であるが、そのような計画がなくても現状の改善はやろうと思えばできなくはないのである。核となる重要文化財などももちろん大切ではあるが、当たり前の生活風景であっても維持向上のための手がかりになるはずである。

官民の各セクターが相応に負担して、自らの住むまちの風景を磨いていくための手弁当の努力を続けることが歴史を活かしたまちづくりの基本であり、そうした継続的な努力があるところにこそ支援のための国庫は導入されるべきであるという鉄則はここでも通用する。

景観問題の大事なところは、成果が一目瞭然であり、誰でもその成果について一家言をもてるということである。その意味でも歴史まちづくり法の関連施策は住民主体のまちづくりの貴重な契機だと言える。

（二〇〇八年八月）

4　地域の歴史的資源を活かしたまちづくり、そして歴史まちづくり法の制定

何度目かの転換点にあたって

そもそも地域の歴史的な資源に目を閉ざしたまちづくりの計画というものは存在し得ないはずである。それがまちづくりの基本的な本性に根ざしているからである。ところが本稿のような原稿を書かねばならないという現実は、実際がそうはなっていなかったということを反映している。

つまり、何か現状に対する不満、解決しなければならない課題を克服することにまちづくりの精力が集中されざるを得なかった時代が長く続いたのである。典型的な課題として、住環境の改善や防災、交通問題などがあげられる。もちろんこれらの課題がこんにちまでに解決してしまったわけではないが、少なくとも火急な問題点を解消するためだけのまちづくりという対症療法から私たちは少しは先に進んできたのである。

では、課題解決型のまちづくりからまちが有している本来的な可能性を開いていくまちづくりへと展開していく契機はどこにあったのか。

これは歴史を振り返るといくつかの段階的な契機に分けて考えることができる。

戦前の歴史および終戦直後の動きはとりあえずおくとして、比較的世相が安定してきた後においては、まず第一に、一九六〇年代後半から始まる歴史的町並みの保存運動が起きてきたことがあげられる。これこそまさしく「歴史を活かしたまちづくり」の草分けであった。

その成果は、金沢や高山、倉敷や妻籠などの町並みとしてこんにち見ることができる。制度としても一九七五年に文化財保護法の改正によって伝統的建造物群保存地区という面を保存する制度が生まれたのが、

その成果だと言える。世の中の環境保護の大きな流れの中にあったということもできる。

自然保護の側面でも公害防止の側面でも公害対策基本法（一九六七年）や自然環境保全法（一九七二年）など、この頃に現在まで続く制度が生み出されてきている。こうした風潮を一九七三年のオイルショックによる既存資源の見直しの機運がさらに煽《あお》ったということもできる。

次の流れは、一九九〇年前後、バブル経済の破裂とともに訪れる。

このときもやはり、ストック経済の再評価が叫ばれ、その流れの中で歴史遺産の利活用が趣味的な活動ではなく、経済的な活動として見直されるようになってきたのである。その結果として全国各地に景観条例が制定され、その中で景観上の重要な資源として歴史的な建造物や町並み、さらには重要な眺望地点などが選定されるようになってきた。

とりわけ都市のシンボルである城郭建築に対する熱い想いが各地で見られ、石垣の高さを超えないような建築物の高さ制限を設ける自治体や、重要な視点場からの眺望を確保するために手前に遮るような建物を建てることを防止するような規制が導入された。

そして、その後こんにちに続く第三の波が訪れたのが二〇〇四年の景観法の制定に始まる新たな景観保全・形成に向かう世論の高まりである。

この流れは、第二の景観条例の波の延長線上にある。ひとつ違うのは、ここまでの流れが地方の先進的な自治体を中心に生み出されてきたのに対して、今回の波は、国法の制定という国主導の中で生まれたことである。

これはある意味、これまでの地方の努力に対して、国も相応の汗をかいた結果だと言える。その背景には、増え続ける景観訴訟をどうさばくかという問題があった。

景観を守ろうという至極当然の市民運動が裁判に勝てないという日本の現状は、あまりに私有財産の権利が守られ過ぎているのではないかという疑念となり、それを突破するためには国の法律が、それも景観や美観を直接謳った法律が必要だという声が各所から上がってきたことが事態を急速に後押しすることになった。

景観法が規定した仕組みの一つに景観重要建造物というものがある。そのほとんどは歴史的な建造物である。また、景観重要公共施設という新しいカテゴリーも、歴史資源や景観資源の豊かな地域における公共施設整備のあり方を考えるところから生まれてきている。歴史資源を活かしたまちづくりという昨今の動きはこうした考え方の延長線上に生まれてきたと言える。

歴史を活かしたまちづくりとは、本来、地方自治体が独自の発想に基づいて自由に施策展開すればよいはずのものであるが、なぜここに国が出てこなければならないのか、という点にいぶかる向きもあるかもしれない。

確かにそれは正論であるが、地方が努力しようにも昨今の厳しい財政事情がそれを困難にしているというのもまた事実である。やる気のある地方を支援するために、国側で助成措置を用意したというのが歴史まちづくり法の動機である。

これはちょうど、やる気のある自治体の景観条例に法典根拠を与えて支援することをめざして制定された景観法の趣旨とよく似ている。景観法は国が努力している地方に対して、法制面で担保する姿勢を示したものと言えるが、これに対して歴史まちづくり法は、国が財政面で担保する姿勢を示したものだということもできる。

歴史まちづくり法の特色

この結果生み出されたのが、「地域における歴史的風致の維持及び向上に関する法律」というなんとも堅苦しい名称の法律である。二〇〇八年四月に制定され、同年一一月より施行されている。

本来ならば歴史的環境保全法とでも言った方が大方にとってはわかりやすいのだが、どうも「歴史的環境」には良くない環境だって含まれるではないかと言った神学的（?）な論争の末、現名称に落ち着いたようである。歴史的環境を保全するための法律用語が乏しいことに起因しているが、もとをただせば、そのような法律上のニーズが不足していたために（もしくは国の認識がそうだったために）、この分野の制度が整えられなかったことから、適切な用語が定着していないという問題があったのである。

国が用意した略称は「歴史まちづくり法」なので、ここではその呼び方に従うことにしたい。したがって、計画の方も「歴史まちづくり計画」と呼ぶことにする。

この歴史まちづくり法のいちばんの特色は、この法律には規制色がまったくないことである。歴史まちづくりを支援するための各種方策が盛り込まれた法律となっている。この点が、規制一本槍で支援策がわずかしかない景観法と好対照をなしている。

つまり景観法が景観上の不調和をなす建造物の規制というマイナス要因削減を主目的とした法律であるのに対して、歴史まちづくり法は歴史を活かしたまちづくりを推進するというプラス要因付加をめざしたものである点が特色となっているのである。

具体的な支援の方策としては、法律そのものにおいて特例的な措置が定められているものと、それ以外の補助事業のスキームから成っている。

前者は主として権限委譲に関するもので具体的なまちづくり計画の推進からするとやや補足的な規定であるため、なぜこうした規定がわざわざ書き込まれているのか不審に思う読者もおられるだろう。法律論からすると、こうした規定を書き込むことによって法制定の意義があることになる。つまり、補助事業の創設や事業における優遇措置のみならば、何も法律を作らなくても実施できるからである。

そして法律として制定されると、さまざまな事業の推進がいわば恒久的に進められることになる。つまり、政府の予算の都合や政策の重点の置き方によって事業がスクラップアンドビルドされる中に巻き込まれることなく（ある程度の影響はやむを得ないとしても）、長期的な整備が進められる保証が得られることになるのである。

具体的な補助事業の目玉は二〇〇八年度に新設された歴史的環境形成総合支援事業（初年度の予算枠は七・四億円）である。これは別途定められる歴史的風致形成建造物の修理や買取り、さらには復元までも支援するもので（補助率は事業費の二分の一以内）、その他国指定の文化財建造物の保存活用にかかるハード整備も対象となっているほか、景観阻害要因となっている建造物等の修景や除去なども行えるようになっている（補助率は事業費の三分一以内）。

たとえば温泉街によく見かけるような潰れたホテルの廃屋などはこれまでの公共事業ではなかなか事業費の補助が難しかったが、歴史まちづくりのための条件さえ整えば、今後は補助対象とすることができることとなったのである。

つまり公共の用途以外であっても、それが歴史まちづくりの計画路線に合致していれば補助対象とすることが可能となった。歴史的風致形成建造物の用途はとくに博物館等の公共のものには縛られていないのである。

また、金沢市内にある金沢城の菱櫓や五十間長屋の復元などは、これまで都市計画公園として、都市公園法にいう公園として、公園の付帯設備の整備の一環として都市計画事業の枠内で進められてきたが、歴史的建造物の復原が公園施設整備の一環というのも相当に便宜的な解釈だったと言わざるを得ない部分があった。これを正面から、史跡などの復元として補助対象としたのである。お城の復元を国土交通省が都市公園事業の一環として行うのであるから、時代も進んだものである（もちろん、国の文化財に指定されている建造物等の保存修理は従来通り文化庁の仕事である）。

さらに、まちづくり交付金の運用にあたって、これまでも景観整備に関して事業費が支出されることにはなってはいたが、市町村による提案事業としての位置づけであったため、事業費に充てることのできる交付金自体に厳しい上限があった。これが今後は基幹事業として認められることになった。したがってこうした景観整備にさらに力点を置いたまちづくり事業が可能となったのである。

その他、いくつかの細かな事業においても歴史まちづくりに有利な支援措置が追加された。

［付記　歴史的環境形成総合支援事業は民主党政権下の二〇一〇年度に行政事業レビューによって廃止と結論づけられ、二〇一一年をもって廃止された。］

歴史まちづくり計画の認定

ただし、これらの支援事業はいつでもどこでも可能というわけではないところがまたこの法律のミソともなっている。

確かにこのような支援措置は地方自治体にとってありがたいことではあるが、すべての自治体の要望にすぐさま対応することは予算の制約からして不可能である。また、それぞれの自治体の計画が国庫を投入するに値するのかも精査しなければならないだろう。そのための仕組みとしていわゆる歴史まちづくり計画を国が認定するという手続きが組み込まれているのである。

二〇〇九年一月には第一期として金沢市、高山市、萩市、彦根市、亀山市の五市の歴史的風致維持向上計画（いわゆる歴史まちづくり計画）が国の認定を受けて正式にスタートした。

法に基づいて国が歴史まちづくり計画を認定することによって、計画が定める重点区域内における各種事業によって国が支援する歴史まちづくりの質が保証されることになる。また、補助のバランス上、無期限の事業認定というものはあり得ないだろうから、歴史まちづくり計画は期限を限ったものとして規定されている。こうした仕組みはまちづくり交付金の交付方法と類似している。

確かに補助金を支出する側の論理としてはこうした制度は必要であろうが、期限付きの計画立案という制度によって、歴史まちづくりが否応もなく整備中心の事業計画となってしまう点にやや懸念が残る。本来、歴史まちづくりというものは息の長い実践であるべきだからだ。

さらに言うと、お金を投入して実施するハード主体の計画だけでなく、規制を中心としたローカルルールの実践が並行してこそ、地域住民と協働したまちづくりと言えるものとなるはずだ。

歴史まちづくり法が導入した支援策というアメと景観法がもたらした景観規制というムチとが両輪となって進む必要がある。歴史まちづくり計画の認定にあたっては、この点が十分考慮されることを望みたい。文化財に対する永続的な関与をまさしく根本に考えている文化庁との協働がこの点において有効に機能することを望みたい。

また、計画に期限が切られることによって、補助事業を受けるかどうか、行政のみならず、地域住民も判断を迫られる場面が今後出てくることになろう。まちづくりはじっくりと鍋物のように「煮込む」ことが大切だとしたら、どうも歴史まちづくり計画のなかには圧力釜で短時間に調理してしまうような力任せのところも感じられる。

歴史まちづくり計画を地元にうまく着地させるには、よほど熟成した計画があらかじめ用意されている必要があり、そうした計画は往々にしてプロジェクト推進型になりやすい。必要なプロジェクトは推進される必要があることは勿論ではあるが、計画認定のためにプロジェクトの無理な寄せ集めが起きないように、市民は気をつけて見守っていかなければならないだろう。

文化財のバッファーゾーン計画として

歴史まちづくり法制定の意義の主要なものの一つに、歴史まちづくり計画が文化財のバッファーゾーンをつくる計画として機能することをあげることができる。

本来、文化財として指定されるような歴史的建造物は、周りからも尊重され、周辺環境の中に調和して存在すべきものであるが、現在の縦割り行政のもとでは、文化財は教育委員会担当、周辺の一般市街地は建設部局担当と見事に線引きがなされ、相互に配慮することはほとんど期待できない状況である。

文化財保護法には文化財の環境保全の条項があるが［★1］、この条項は火除け地の買い上げなどごく限られた場合を除いてほとんど実施されてこなかった。ましてや都市化の進む地域において、周辺環境をいかに文化財と調和させていくかといった施策は、文化財サイドではほとんど実施されていない。

ごく例外的に借景庭園の景観保全や世界遺産のバッファーゾーン規定などが行われているが、これらもほとんどすべて地元の景観条例等によって規制を行っているもので、文化財側の施策としてはなすすべがないという状況である。

こうした中、歴史まちづくり法に基づく歴史まちづくり計画は、対象を国指定の文化財建造物に限っているものの（国法としては国指定文化財を保護の対象とするという論理を立てざるを得ないという事情もある）、そのバッファーゾーンを計画的に整備するという意味合いをもっている。これが国土交通省と文化庁の共管（農水省も農業用水の保全に関して関与している）によって実行される点にもう一つの特色がある。

歴史まちづくり法において初めて、文化財のバッファーゾーンの計画が国の制度として生まれたのである。それも単に守るだけのバッファーゾーンではなく、積極的に景観整備をしていこうというバッファーゾーンなのである。

また、この法律を策定する過程で、古都保存行政の全国展開という国土交通省側の論理だけでなく、多様な文化財を総合的に把握し、自治体ごとに歴史文化のマスタープランを立てるべきであるという文化庁側の論理もあった。

こうした考え方はこれまでも主張されてはいたが、今回直接には二〇〇六年度から文化庁が実施してきた世界文化遺産の暫定一覧表の改訂を自治体側からの提案をもとに行うという施策から生まれてきた。

文化遺産の提案は複数の資産構成をもとに行うということを文化庁が求めたため、計二回、三年間にわたる各自治体からの提案はいずれも広域にわたるユニークなものになった[★2]。ところが、こうした多様な提案を現行の文化財保護制度で受け止めようとすると、史跡や名勝、建造物や文化的景観というようにこれまた縦割りの基準の中でしかとらえられないというのが現状である。

これを打破するためにも総合的な視点からマスタープランを立て、そのもとで各種の文化財を幅広く位置づけ、評価し保護しつつ、まちづくりの中で役立てていくような仕組みが欲しいという声が上がってきた。これが歴史まちづくり法のルーツの一つとなったのである。

文化庁は二〇〇八年度から地方公共団体による歴史文化基本構想づくりのためのモデル的な補助事業である文化財総合的把握モデル事業を始めた。二〇〇八年度には富山県高岡市や兵庫県篠山市など全国で二〇の都市もしくは都市圏において実施されている[★3]。これはそのまま歴史まちづくり計画へと繋がる作業でもあるのだ。

両者のスピード感が異なることにやや危惧を感じないではないが、うまくふたつを繋いで、文化財のバッファーゾーン計画とまちづくり計画とが融合されるように期待したい。

都市から山林に至る幅広い計画対象

これは景観法による景観計画も同様ではあるが、歴史まちづくり計画も都市計画区域や市街化区域といった枠にとらわれることなく、景観に関連する地域を広く対象とすることができることになっている。ここに農水省との共管の利点が現れているわけであるが、これも歴史まちづくりの一つの特色と言えるだろう。

農地や山林まで含んで景観や歴史を語るのは当然と言えば当然であるが、都市計画区域という縦割りの枠を超えて計画が立案できるようになったこと、とくに農地を生産や環境保全の観点以外から評価することができるようになった点は、今後に大きな計画発展の可能性をもたらすかもしれない。

第一期の五つの歴史まちづくり計画から

二〇〇九年一月一九日に国から認定された五都市の歴史的風致維持向上計画、いわゆる歴史まちづくり計画は、すべて国土交通省公園緑地・景観課のサイトに全文がＰＤＦファイルで公表されているので［★4］、詳細はウェブサイト上で確認していただくこととして、ここでは、最初の五つの歴史まちづくり計画を横並びで見て、それぞれに共通している考え方や各計画ごとに見られる特色などをかいつまんで見てみたい。

なおここでいう「歴史的風致」とは、歴史まちづくり法において「地域におけるその固有の歴史及び伝統を反映した人びとの活動とその活動が行われる歴史上価値の高い建造物及びその周辺の市街地とが一体となって形成してきた良好な市街地の環境」（法第一条）と定義されているものを指すこととする。

また、同法の運用指針においては、さらに敷衍して、「単に歴史上価値の高い建造物が存在するだけでは歴史的風致とは言えず、地域の歴史と伝統を反映した人びとの活動が展開されていて初めて歴史的風致が形成されるものであり、法ではこの歴史的風致をそのまま「維持」するのみならず、歴史的な建造物の復原や修理等の手法により、積極的にその良好な市街地の環境を「向上」させることを目的としている」（運用指針二）と述べられている。

つまり、物的空間のみならず、そこにそうした空間と呼応した「人びとの活動」――具体的には、「伝統的な工芸技術による生産や工芸品の販売、祭りや年中行事等の風俗習慣、地域において伝承されてきた民俗芸能だけでなく、鍛冶や大工、郷土人形製作等の民俗等も含むもの」（運用指針二）である――があることが求められているのである。国土交通省の施策としてこうしたソフトへ切り込んだことも画期的だと言えるだろう。

では、第一期で歴史まちづくり計画が認定された五都市において、何が歴史的風致とされ、その維持向上を図るための重点区域をどのように定めているのだろうか。

歴史的風致は主として当該地域の活動に着目した計画と、主として場所性に着目した計画とに分けることができる。前者には高山祭りの「祭礼の場」としての区域や飛騨の匠の技術が息づくまちを中心的に取り上げた高山市と、祭礼のほか漁、夏みかん、明治維新、信仰、萩焼とその窯元を含む茶道などの多様な資産をあげている萩市の例が当てはまる。

対する後者には、お城や茶屋町、寺町など、城下町地区内の各所の異なった特色をそれぞれ表に出した金沢市、仏壇街などの地区に着目した彦根市、関宿などの宿場町と東海道の街道筋に着目した亀山市の例があげられる。

重点区域としては、城下町地区を越えて「市街地の背景として一体で連なる金沢の自然、地形の特徴を顕著に示す台地、丘陵の一部を含む区域」（金沢市歴史的風致維持向上計画）という広域を取り上げる例のほか、旧城下町地区に一部山麓の風致地区を加えた高山市の例、旧城下町を囲んでいる二本の川の内側のみならず、川の対岸を含んでやや広めに区域設定した萩市の例、江戸時代に成立した旧城下町地区をほぼそのまま重点区域とした彦根市の例、「文化財等が多く所在する東海道並びに東海道上に位置する坂下宿、関宿、亀山宿の三つの宿場町及び集落の範囲」（亀山市歴史的風致維持向上計画）といった線状の区域の例というようにバラエティがあるということができる。

議論の深化を

いずれにしても歴史まちづくりがどのようなものであるべきかは、今後、各市町村が策定することになる歴史まちづくり計画の出来の如何にかかっている。同計画が歴史や文化を活かしたまちづくりのためのマスタープランとして確立されていくことを期待したい。ここまでの五都市の歴史まちづくり計画の出来ばえは十分に期待に応えてくれている。

ただし、ここまでに認定された歴史まちづくり計画はいずれも名だたる歴史都市なので、これからはごく普通の都市が歴史まちづくり計画を立案し、それが認められていく必要があるだろう。それでこそ、冒頭にも記したように、歴史まちづくりが都市計画の当たり前の手段の一つとなることになる。[★5]

また、景観法にいう景観行政団体が順調にその数を伸ばし、法定の景観計画策定の議論が各地で行われていくにしたがって景観に関心を深める市民や行政担当者が増え、景観整備の風潮が定着していったように、歴史まちづくりにおいても地域の歴史に関心をもつ人材が増えていき、またそうした人たちが単に郷土史の中にとどまるのではなく、まちづくりへと関心の幅を広げていくようになることを期待を込めて見守りたい。

行政組織のうえでも国土交通省都市・地域整備局公園緑地課が公園緑地・景観課となり、初めて景観を冠する課名が国の組織の中に生まれた。この課内に景観・歴史文化整備室が置かれ、これも国土交通省内に歴史文化を標榜する部局が生まれた最初と言えるだろう。全国各地の流れはそれより先行しており、至る所に景観担当の部局が生まれてきている。そこから景観を専門とする優秀な行政官も育っていくことだろう。大いに期待したいものである。

註

★1　たとえば重要文化財に関しては、文化財保護法第四五条第一項に「文化庁長官は、重要文化財の保存のため必要があると認めるときは、地域を定めて一定の行為を制限し、若しくは禁止し、又は必要は施設をすることを命ずることができる」と定められている。同様の規定は史跡名勝天然記念物に関してもある（同法第一二八条第一項）。

★2　提案は、合計三七件（うち二件は後に提案を合体したため、最終的な提案数は三六件となった）。内訳は二〇〇六年度提案二四件、二〇〇七年度継続審議再提案一九件、同新規提案一三件。提案内容は文化庁のサイト、文化遺産オンラインに掲示されている。

★3　二〇〇八年度の文化財総合的把握モデル事業に選ばれたのは、岩手県盛岡市、秋田県北秋田市、福島県三島町、栃木県足利市、東京都日の出町、新潟県上越市、新潟県佐渡市、富山県高岡市、石川県加賀市、山梨県韮崎市、岐阜県高山市、兵庫県高砂市、兵庫県篠山市、島根県津和野町、広島県尾道市、福岡県太宰府市、沖縄県南城市の一七市町と、福井県の小浜市と若狭町、宮崎県の日南市・南郷町・北郷町、鹿児島県の宇検村・伊仙町・奄美市の相互に関連のある三つの地域の合計二〇圏域である。

★4　国土交通省都市・地域整備局公園緑地・景観課のウェブサイト <http://www.mlit.go.jp/report/press/city10_hh_000020.html> を参照。

★5　国土交通省都市・地域整備局公園緑地・景観課は、二〇〇九年三月に第二弾の歴史まちづくりの認定を行った。それらは茨城県桜川市、長野県下諏訪町、愛知県犬山市、高知県佐川町、熊本県山鹿市の五市町村である。これらの都市の抱えている課題は必ずしも典型的な歴史まちづくりの問題に限られないので、より普遍的なまちづくりの手法がこれらの事例を通して広がることが期待される。

（二〇〇九年四月）

5　文化財保護の新たな展開——歴史文化基本構想のめざすもの

1　日本の文化財保護行政のかたち

いずれの国においても文化財保護にはその国特有の歴史がある。それはその国がたどった歴史と密接に関連している。多くの場合、連邦国家にはそれぞれの州の文化的自立を尊重する仕組みが整っているし、革命などによって大きく変化した国家主権のあり方が文化財の保護のかたちに影を落としている国も少なくない。

日本においても同様で、他の国にはないこの国独自の文化財保護の仕組みというものが一四〇年に及ぶ文化財保護（当時はそのような表現もなかったが）の歴史の中で形作られてきた。それはたとえば以下のようなことである。

①文化財のジャンルによってその保護の歴史が異なるため、それぞれのジャンルが独自の論理を構築することになり、ジャンルごとのタテワリが形成されてきたこと。

②しかし、同時に多様な文化資産を文化財保護という一つのミッションのもとに統合する制度を中央集権の中で形成してきたこと。

③さらに文化財保護全体をみても、これそのものが独立したミッションとして他の行政分野と相互不干渉主義のもとで政策を実行するようなタテワリの仕組みを形成してきたこと。

④とくに戦後において財政的に困窮した政府が責任をもって文化財保護を推進するために限られた優品を優先的に保護する仕組みをとってきたこと。

これらの特色は、ある意味で、日本という国の形成に関わって生成されてきた特徴でもあるし、そこには強みも弱みもあると言えるが、ここではその是非について論じることはしない。ただし、これがどの国にも当てはまる普遍的な傾向ではないということだけは指摘しておきたい。

たとえば、こうした特質の背後には文化の多様性というよりも、多様な文化の奥に一つの価値観で計ることのできるであろう貫徹した歴史観がある、といったことが無言の前提としてあると言わざるを得ない。むろん、このこと自体を否定するつもりはない。それもこの国のかたちといえばかたちであると言えるからである。

もちろん、この国においてもこうした直線的な価値観だけが支配してきたわけではないことも付言しておく必要がある。たとえば、文化財の登録制度の導入と展開、伝統的建造物群や文化的景観といった新しい文化財概念の確立などのように、文化財保護制度も時代とともに様相を少しずつ変えてきてはいる。しかし、それらの新制度はおもに文化財のタテワリのジャンルを増やすことが中心であり、構造的な相互不干渉主義や優品を頂点とした階層構造は一貫して保持されてきた。

そしてその背景には、おそらく、この国の文化のかたちについて、ある種の共通理解が当事者間に存在していたからだろう。確かにそのことがこの国の文化財保護行政の強みでもあった。

しかし、ここに来て、次第に従来のパラダイムでは対処できないことがあるということがさまざまな局面で深刻に認識されるようになってきた。

たとえば、記念物や美術工芸、建造物や民俗文化財、さらには無形文化財などそれぞれのジャンルでそれぞれの価値観によって価値づけされた文化財の各種ヒエラルキーの存在も、その文化財が位置する自治体にとってみればまちづくりの資源としては同様の重みをもっているはずであるが、これらを地域において統合的に見渡す視点は、中央から生まれることを期待することは難しい。

地方主権という時代の雰囲気の中で、文化財行政の中央集権的な特質は突出しており、両者をうまく橋渡しすることはほとんど不可能に見える。

また、不動産としての文化財は、周辺環境と一体となって保全されることによってその価値を高めるということができるが、そのような措置を文化財保護の制度の中で形成していこうという動きはなかなか制度の中からは生まれてこないものである。

2 新しい文化財保護制度の必要性

近年、こうした文化財保護制度の日本固有の特質では対処できない課題が次第に大きくなってきたことも事実である。

たとえば、筆者も関わった平成一八年度から二〇年度にかけて行われた日本の世界遺産暫定一覧表の改訂に関する一連の動きをみてみると、暫定一覧表に掲載されなかったもののその候補となった案件に、多様な文化の物語を描き出そうという新しい動きが各地の地方自治体を中心に真剣に議論された様子をうかがうことができる。例をあげると、最上川流域や天橋立、阿蘇山などの広大な文化的景観の価値を問うもの、金沢や高岡、萩のように城下町という都市のあり方そのものの日本的な固有性を強調するもの、有形無形が分かち難く結びついた信仰の場としての立山や小浜周辺、三徳山や四国の遍路道など、多様な文化資産の見方が提案されているのである。

こうした作業は確かに中央集権的な従来型の仕組みを通して行われたため、地方に過度の負担を強いることになったという面もあるが、一連の作業を通して、単に文化財の広がりのみならず、一つの地域の文化的な価値というものをどのようなストーリーのもとで語っていくことができるのかという地域文化の物語性の多様さが浮き彫りにされることになったという面もあった。

そして同時に、こうした多彩な文化資産を十全に保護する施策を現在の文化財保護制度が持ち得ていないこともまた、明白になったのである。

他方、全国各地で行われているまちづくりの動きは、ストック重視型の時代の要請もあって、地域の「たから」を発見し、その保全策を共有するところから前向きに自分たちの住む地域を見直していくというボトムアップの地域再発見運動という色彩を以前にも増していっそう色濃くしている。そして、こうした地元発意型のまちづくり運動に対しても、従来の中央集権型でタテワリ、かつ優品主義的な文化財保護制度はうまく適合していないという面もより明白になってきた。

いわゆる従来型の種々の「文化財」の保護の総体と地域の文化政策との間の距離がなかなか埋められないという現実を文化財保護サイドも深刻な溝として問題視するようになってきた。むしろ、このところ都市計画をはじめとする建設サイドが熱心に文化を活かした都市整備を提案するようになってきたが、これに対しても文化財サイドは従来からの保護施策を徐々に拡大するという以上の新機軸を出せないでいた。

こうした点において文化財保護行政の新しい展開を望む声が高まっていった。これが二〇〇七年一〇月に出された文化審議会文化財分科会企画調査会報告の中で強調された「歴史文化基本構想」の背景にあったということができる。筆者も同企画調査会の議論に参加し、歴史文化のマスタープランの重要性を一貫して強調してきた。

翌年度より「文化財総合的把握モデル事業」が文化庁の委託により三年間にわたって実施され、全国にどのような歴史文化基本構想のスタイルがあり得るのかのスタディを行うこととなった［写真参照］。

3 歴史文化基本構想がめざすもの

歴史文化基本構想のめざすところはふたつある。

ひとつは、従来の文化財保護制度がもっていたタテワリ的な性格から脱却し、多様な文化財を総合的にとらえ、これらを固有の物語の中で語るようなマスタープランをつくるということである。歴史や文化に関わる複数の主題や物語が重層的に展開する場として各地域の個性を見直すことによって、文化財保護施策はこれまでにない広がりをもつようになる。

さらに、これまでの指定・登録文化財の枠を超えて、より広範で網羅的な文化財群を拾い上げる機会をこの仕組みは内在させているということができる。こうした地域の「たから」の発掘によって、各地域が内在させている文化資産の奥深さが誰の目にもわかるようなかたちでまとめられることがもつ意義は大きい。

文化財総合把握モデル事業を実施した石川県加賀市大聖寺の山の下寺院群の町並み。身近なまちづくり支援街路事業（歴みち事業）で整備が進められている

文化財総合的把握モデル事業を実施した福井県小浜市・若狭町。小浜の神宮寺のかつての伽藍跡。現在は静かな田園風景が広がる

もうひとつは、まちづくりの側からみて、一つの大きな戦略を歴史や文化の視点から立てることができるようになったということがあげられる。都市政策の目標が、従来から言われてきたような一定の居住性能の確保というところから、都市のアイデンティティの確立とそれによる都市魅力の増進というところへと移りつつある現在、歴史文化基本構想はまさにそのアイデンティティの原点をいかに説得力のある物語として打ち出すか、という点に大きな寄与ができる施策なのである。

たとえば、今のところ文化財に指定されている土地とその周囲の土地の間にはとくにこれといった制度上の連関性はないが、ここにバッファーゾーンを導入することになるとすれば、指定文化財とその周辺とが連動しながら都市の個性を保全することになるという新しいまちづくりのスタイルを生み出すことができるのである。

また、都市の魅力増進に文化財が果たす役割は少なくないが、文化財の総合的な把握によって地域のさらなる魅力が発掘されるとすると、それが地域経済に与えるプラスの要因も積極的に織り込むことも必要になってくる。

以上、歴史文化基本構想の特質を二点あげたが、さらにいうと、文化財行政側とまちづくり行政側の協働作業を進めていくことによって、従来型の中央集権的でピラミッド型になっている文化財保護行政を複線化・多様化し、ボトムアップの中で個性を発揮していくという新たな行政スタイルを生み出すことに繋がるのではないかという期待を筆者はもっている。

他方、国の側を見ると、これまで日本の文化財保護行政は、文化財の範疇をいかに広げていくかという点に熱心だった。それが文化財保護行政にさらなる総合性を付与することになるという姿勢があった。文化財の一つひとつの要素を付加的に積み重ねていくことも重要ではあるが、現時点で強く求められているのは、文化財を地域の資産としていかに統合的に把握できるかという点である。国においても内なるタテワリ主義を超えて、統合的な国の文化政策の一部として文化財が貢献していけるような奥行きのある議論が展開されることを期待したい。

冒頭に日本の文化財保護行政のスタイルとして四つの特色を列挙したが、ここでもう一度、歴史文化基本構想の策定プロセスを経てみえてくる新しい文化財保護行政がどのようなものとなり得るのかについて、対比的にまとめてみたい。

①歴史文化基本構想によって、文化財のジャンルを超えて、一定の物語や地域性ごとに広く文化財を統合的にとらえる視点が生まれる。これによって文化財のジャンルごとのタテワリは地方の行政実務の

文化財総合的把握モデル事業を実施した岐阜県高山市。春の高山まつりで山車のからくりに見入る人びと

文化財総合的把握モデル事業を実施した広島県尾道市。斜面地に広がる近代の住宅地

場面において超克されることになる。

②歴史文化基本構想が依って立つ地域の歴史文化を統合的にみる物語のプロットは、当然のことながら、地域ごとに異なっており、その独自性・多様性こそが重要である。従来の中央集権的な文化財保護行政とは対極にある。文化の多様性を評価する文化財保護行政の方向性がみえてきたのである。

③歴史文化基本構想では、まちづくり行政や都市整備行政と密接な連携をとることが求められるので、文化財保護行政自体のタテワリも都市行政の中で超克されることになる。

④歴史文化基本構想は網羅的な文化財のリストアップを要請するので、従来の優品主義とは対極にある。

4　歴史文化基本構想のこれからの展開

第一に、二〇一一年度から文化庁が取り組んでいる「文化遺産を活かした観光振興・地域活性化事業」のように、歴史文化の計画が教育委員会の中だけで閉じているのではなく、まちづくりに寄与する資源としてとらえ直すことがあげられる。文化「遺産」を地域の「資産」にするような経済的なインパクトを有する戦略的な計画立案がある。

ただし、留意しなければならないのは、文化的な資産の保全が目的ではなく手段となってしまうことをいかに回避するかということである。文化遺産の保全がそのまま文化遺産のより深い理解に繋がり、同時にその活用に繋がるような、スパイラルを描いて地域の文化理解が深まっていくような動きへと導いていくことが望まれる。

第二に、地域の文化財を多面的かつ総合的に把握することによって、これまで知られていなかったような地域の新たな価値が顕在化するということがある。たとえば、民俗調査にしても各地の行事食を綿密に調べ上げ、儀礼の手順とともに書き記すような機会はこれまでほとんどなかったのではないだろうか。ここには新たなまちづくりの手がかりが豊富に隠されているように思う。

登録文化財のその根底部にさらに幅広い文化財があまねく存在していることが明らかになることによって、文化財の裾野ははるかに広がることになる。おのずとそうした文化財の活用や再利用が話題となっていくに違いない。

第三に、歴史や文化を基軸にした都市の魅力造成の戦略が、これからそれぞれの都市において必須の文化政策として考えられるようになっていくことが考えられる。まちづくりの目的が地域の魅力づくりであるという理解が深まることによって、歴史文化基本構想というマスタープランの存在価値がさらに高まっていくのではないだろうか。ただし、そのためには、当面はこうした構想を立てることに対する具体的なインセンティブが必要であろう。

最後に、歴史文化基本構想といわゆる「歴史まちづくり法（地域における歴史的風致の維持及び向上に関する法律）」との関係について付言しておきたい。「歴史まちづくり法」は周知のように、国土交通省が中心となって文化庁、農林水産省との共管によって二〇〇八年に成立した歴史まちづくりに関する事業推進法である。

「歴史まちづくり法」の背景には古都保存法の全国展開という課題があったので、必ずしも歴史文化基本構想と目的が同一というわけではないが、歴史的環境の保全を軸とした都市施策であるという点ではよく似ている。

文化財総合的把握モデル事業を実施した福岡県太宰府市。大宰府の政庁跡の史跡地内から周辺の住宅市街地を見る

歴史文化基本構想が地域の歴史文化マスタープランの役割を果たし、そのプランを実現するためのアクションプランとして「歴史まちづくり法」による歴史まちづくり計画（歴史的風致維持向上計画）が位置づけられるようになると理想的だろう。

歴史文化基本構想にしても「歴史まちづくり法」にしても、いずれも地域からの固有の提案を尊重し、地域ごとの多様性をいかに育むかという点に特色がある。つまり基本的に中央集権とは異なる価値観が基本となった制度である。そして、それは地力のある市町村が自律的に計画提案ができることが前提となっている。地方の側にこうした信頼を受けとどめるに足る実力がないと、結局は絵に描いた餅になってしまう。こうした制度を活かせるか否かは、地方自治体の底力の如何にかかっているのである。

［付記　二〇一七年一一月現在、文化財保護法を改正し、歴史文化基本構想を拡充して、「地域における文化財の総合的な保存及び活用に関する地域計画」として文化庁が認定する法定基本計画とする案が議論されている。］

（二〇一一年一〇月）

6 近代化産業遺産にみる新しい文化遺産の発想

経済産業省による近代化産業遺産の認定

二〇〇七年一一月三〇日、横浜の新港埠頭の再生された赤レンガ倉庫で近代化産業遺産群の認定式が開催された。認定証と認定のプレートは甘利明経済産業大臣からじきじきに授与された。全国各地から自治体の首長やメーカーの社長や工場長が多数出席し、華々しい認定証交付式になった。

今回、初の試みとして認定されたのは三三の近代化産業遺産群をめぐる物語である。その一覧を表1に示す。これは日本が独立国として産業構造の発展、地域の自立のためにさまざまな試みを続けてきたことの意義を全国的な視点で評価しようとする試みの代表例として後に記憶されるだろう。

この試みのユニークな点は、近代化を支えた日本の産業遺産を個別単体ではなく、先人たちの努力の物語であるととらえ、物語群を選んでいる点である。たとえば、「我が国の近代化を支えた北海道産炭地域の歩みを物語る近代化産業遺産群」、「激しい産地間競争等を通じ近代産業へと発展した利根川流域等の醸造業の歩みを物語る近代化産業遺産群」、さらには「『羽二重から人絹へ』新たなニーズに挑み続けた福井県などの織物工業の歩みを物語る近代化産業遺産群」などのように、対象となる産業や地域にスポットライトがあてられ、先人たちの努力の跡が語られているのである。

また、近代化草創期の四つの物語、すなわち「『近代技術導入事始め』海防を目的とした近代黎明期の技術導入の歩みを物語る近代化産業遺産群」、「欧米諸国に比肩する近代造船業成長の歩みを物語る近代化産業遺産群」、「鉄鋼の国産化へ向けた近代製鉄業発展の歩みを物語る近代化産業遺産群」そして「建造物の近代化に貢献した赤煉瓦生産などの歩みを物語る近代化産業遺産群」は全国に広がる近代化の努力の足跡を示すものであり、技術史上も貴重な遺産である。

あげられた構成資産も必ずしも文化財的な価値を有するものでなくともよい。たとえ後の改造や変更があっても物語の重要性には変わりないからである。また、不動産だけでなく、「京都における産業の近代化の歩みを物語る琵琶湖疎水などの近代化産業遺産群」を例にとると、琵琶湖疎水の水車（琵琶湖疎水記念館所蔵）や疎水を用いた発電によって生まれた紡績工場の中に据えられた木製のジャガード機（西陣織会館内所蔵）などのような機器類も含められているのである。

これら単体の構成資産は合計五七五件に達している。そのおもなものには「近代化産業遺産　平成一九年度　経済産業省」とかかれたスチール製の立派なプレートが贈られた。今後これらのプレートが外から見えるところに据え付けられることになった折には、これらプレート板をあたかも巡礼のようにめぐる産業観光の個人客も見られるようになるかもしれない。

なお、ここでいう近代化産業遺産とは、経済産業省の作成した文書によると、幕末から戦前までの産業遺産で、建造物はもとより、画期的な製造品および当該製造品の製造に用いられた設備機器、これらの過程を物語る文書など、産業近代化に関係する多様な物件が対象とされ、これらの復元物や模型も対象としている。また、近世以来の伝統的な産業を直接対象とするのではなく、近代化の中で発達してきた産業遺産に限り、さらにその産業の発展過程においてイノベーティブな役割を果たしてきた産業遺産を対象としている。

私自身、三三の物語を選定する産業遺産活用委員会の座長を務めたので、具体的な議論の中身はよく承知しているが、当初は日本の産業近代化の全貌がそれほど簡単に把握できるのかといった疑念が委員の間にただよっていた感もなくはなかったが、次第に物語の広がりとおもしろさに委員のメンバーが強く動かされるようなムードとなり、最後は「よくやった」といった充実感が委員会の雰囲気を支配していた。

33近代化産業遺産群に係るストーリー及び構成遺産	
番号	タイトル
1	『近代技術導入事始め』海防を目的とした近代黎明期の技術導入の歩みを物語る近代化産業遺産群
2	欧米諸国に比肩する近代造船業成長の歩みを物語る近代化産業遺産群
3	鉄鋼の国産化に向けた近代製鉄業発展の歩みを物語る近代化産業遺産群
4	建造物の近代化に貢献した赤煉瓦生産などの歩みを物語る近代化産業遺産群
5	外貨獲得と近代日本の国際化に貢献した観光産業草創期の歩みを物語る近代化産業遺産群
6	我が国の近代化を支えた北海道産炭地域の歩みを物語る近代化産業遺産群
7	北海道における近代農業、食品加工業などの発展の歩みを物語る近代化産業遺産群
8	洋紙の国内自給を目指し北海道へと展開した製紙業の歩みを物語る近代化産業遺産群
9	有数の金属供給源として近代化に貢献した東北地方の鉱業の歩みを物語る近代化産業遺産群
10	京浜工業地帯の重工業化と地域の経済発展を支えた常磐地域の鉱工業の歩みを物語る近代化産業遺産群
11	新潟など関東甲信越地域で始まった我が国近代石油産業の歩みを物語る近代化産業遺産群
12	銅輸出などによる近代化への貢献と公害対策への取組みに見る足尾銅山の歩みを物語る近代化産業遺産群
13	『上州から信州そして全国へ』近代製糸業発展の歩みを物語る富岡製糸場などの近代化産業遺産群
14	『貿易立国の原点』横浜港発展の歩みを物語る近代化産業遺産群
15	優れた生産体制等により支えられる両毛地域の絹織物業の歩みを物語る近代化産業遺産群
16	激しい産地間競争等を通じ近代産業へと発展した利根川流域等の醸造業の歩みを物語る近代化産業遺産群
17	『重工業化のフロントランナー』京浜工業地帯発展の歩みを物語る近代化産業遺産群
18	官民の努力により結実した関東甲信越地域などにおけるワイン製造業の歩みを物語る近代化産業遺産群
19	近代技術による増産を達成し我が国近代化に貢献した佐渡、鯛生両鉱山の歩みを物語る近代化産業遺産群
20	近畿の経済や中部のモノづくりを支えた中部山岳地域の電源開発の歩みを物語る近代化産業遺産群
21	我が国モノづくりの中核を担い続ける中部地域の繊維工業・機械工業の歩みを物語る近代化産業遺産群
22	『羽二重から人絹へ』新たなニーズに挑み続けた福井県などの織物工業の歩みを物語る近代化産業遺産群
23	輸出製品開発や国内需要拡大による中部、近畿、山陰の窯業近代化の歩みを物語る近代化産業遺産群
24	京都における産業の近代化の歩みを物語る琵琶湖疏水などの近代化産業遺産群
25	我が国鉱業近代化のモデルとなった生野鉱山などにおける鉱業の歩みを物語る近代化産業遺産群
26	『軽工業から重工業へ・河岸部から臨海部へ』阪神工業地帯発展の歩みを物語る近代化産業遺産群
27	商業貿易港として発展し続ける神戸港の歩みを物語る近代化産業遺産群
28	日本酒製造業の近代化を牽引した灘・伏見等の醸造業の歩みを物語る近代化産業遺産群
29	『東洋のマンチェスター』大阪と西日本各地における綿産業発展の歩みを物語る近代化産業遺産群
30	地域と様々な関わりを持ちながら我が国の銅生産を支えた瀬戸内の銅山の歩みを物語る近代化産業遺産群
31	産炭地域の特性に応じた近代技術の導入など九州・山口の石炭産業発展の歩みを物語る近代化産業遺産群
32	九州南部における産業創出とこれを支えた電源開発・物資輸送の歩みを物語る近代化産業遺産群
33	近代の沖縄経済に貢献した『2つの黒いダイヤ』製糖、石炭両産業の歩みを物語る近代化産業遺産群

表1　地域活性化に役立つ近代化産業遺産33の物語　出典：『近代化産業遺産群33』（経済産業省、2007年）

近代化に寄与した人びとの物語に思いをはせる

近代の産業遺産については、これまで文化庁によって一九九〇年度より「近代化遺産（建造物等）」という名称で総合的な調査が県別に始められ、次第にその全容が明らかになりつつあるが、まだまだ悉皆調査としては道半ばであり、そのうえ建造物等に限られているため先にあげた機械類やそのマニュアルなどにまでは目が届いていないというのが現状である。また、文化財指定が最終目標としてあるため、文化財保護的な価値判断から自由になり難いという限界があった。それはそれで重要なことではあるが、地域の活性化という面からするともう少し柔軟な対応も考えられるだろう。今回の経済産業省による認定は地域の活性化が主眼であるため、より柔軟に産業遺産を取り扱うことができることとなった。

それにしても従来、産業遺産というと古い機械類を収める巨大な構造物といった印象が強く、見た目も油とほこりにまみれているようで、他の文化遺産のようなスポットライトが当たりにくかった。

しかし、これを単体としてとらえるのではなく、物語を支える構成要素ととらえ直してみると、かつての技術者たちの汗と涙の結晶の一つひとつの要素と思えるようになり、そこでのドラマに思いをはせることも可能になる。

考えてみると、日本は世界の中では工業国と見られているのであるから、こうした産業遺産は世界にもアピールする日本の独自の遺産であるとも言えるのだ。さらにいうと、日本は非西洋世界で初めて近代化を成し遂げた国であり、その近代化も単なる西欧の移植ではなく、日本の風土や伝統に合致した改善を日本人の手によって施された工夫のたまものとしての近代化であった。したがって、こうした日本の近代化の足跡を明らかにすることは非西洋世界全体にとっても貴重な経験を明らかにすることだと言える。

それがとりたてて特別な文化の香り高い観光地にあるわけではなく、私たちの身近な工場地帯や臨海部に存在しているのである。身の回りの環境を見る目も変わってくるというものである。

おもしろいことに経済産業省が今回作成した『近代化産業遺産群33』と銘打った一連の冊子には「近代化産業遺産群」の英訳としてHeritage Constellations of Industrial Modernizationが使われている。Constellationとは耳慣れない単語であるが、辞書を引くとこの言葉には「群」という意味もあるが、筆頭の訳語は「星座」である。

なるほど、考えてみると星座も単に星の集合を漫然と見ているだけでは意味のある集まりには見えてこないが、その背後に神話という物語があると思って眺めると、偶然に見える星の配置に意味が見えてくるものである。各地に散らばる産業遺産もそれだけでは単なる無用の長物か極端な場合には産業廃棄物のように見えることもあるだろう。しかし、その背後に人の思いのこもった物語を見出すと、俄然意味のあるまとまりと見えてくるのである。一つの物語が一見無秩序に配置された星々を「星座」に仕立て上げるのだ。これは言ってみれば、点から線そして面へと手間をかけるのとは別の、点をそのままネットワークさせるという意味での「星座方式」のまちづくりだと言うこともできそうである。

東京ではどのような近代化産業遺産が認定されたのか

では、今回経済産業省に認定された近代化産業遺産群の中に東京都内の遺産はどのようなものがあるのだろうか。あいにく都内の自治体や事業所は今回の近代化産業遺産の動きにそれほど敏感であったようには見えないので、日本の近代化の配電盤を果たした首都としては、今回認定された資産の数は残念ながら多くない。しかし、次のようなものがあげられている。

第一に、「『近代技術導入事始め』海防を目的とした近代黎明期の技術導入の歩みを物語る近代化産業遺産群」として、鉄の船を造る技術を獲得するための努力の成果のうち、水戸藩による事業の関連資産として石川島資料館（中央区）の石川島造船所に関する展示（旭日丸模型など）、幕末の造船関連資産として船の科学館（品川区）所蔵の幕末船舶の模型。

第二に、「建造物の近代化に貢献した赤煉瓦生産などの歩みを物語る近代化産業遺産群」として、赤煉瓦の東京駅（千代田区）と同じく赤煉瓦の閘門橋（葛飾区）。

第三に、「洋紙の国内自給をめざし北海道へと展開した製紙業の歩みを物語る近代化産業遺産群」として、北区にある渋沢史料館（晩香廬、青淵文庫）、紙の博物館の所蔵物、国立印刷局王子工場、同滝野川工場、東書文庫。

第四に、「優れた生産体制等により支えられる両毛地域の絹織物の歩みを物語る近代化産業遺産群」として、国立科学博物館（台東区）にある鉄製ジャガード織機。

こうして並べて見ると、これまであまり文化遺産という目では見てこなかった資産ばかりがあげられているようだ。新しい発見があるのではないだろうか。

また、今回の経済産業省のリストは完全な物ではないという点がある。たとえば、橋梁や鉄道、運河などの運輸交通関係の産業遺産が抜けている。これはこうした類型の遺産が全国各地に所在することから、今年一年では整理がつかなかったからである。これらの分野の遺産に関しては来年度に引き続き認定が行われる予定である。東京には隅田川にかかる震災復興橋梁をはじめとして旧国鉄の高架施設や品川運河沿いの倉庫群など、今回のリストアップからは漏れている分野の遺産が数多く存在すると言える。このほか戦争遺産や軍事関連遺産なども今回のリストに収録することが見送られている。

さらに、近代以前からの伝統産業に由来する遺産や逆に戦後に興隆した産業の遺産などにまで対象を広げると、東京の産業遺産の幅と奥行きは一挙に広がるだろう。

加えて、こうした産業の近代化に寄与した実業家や技術者の住まいや活動の場などの事績にまで目を配ると、東京の至る所が近代化産業遺産群の構成資産ということになる。

さらに目を広げると

本稿の目的は近代化産業遺産群三三の物語という経済産業省の企画の宣伝にあるわけではない。このような見方をすることによって、身の回りのごく当たり前に思えた環境がじつは重要な文化の資産であるということがあり得るのだということを示したいというのが目的である。そしてこうしたものの見方によって埋もれていた宝を磨き出すということは何も産業遺産に限らず、より一般的な地域史の中でも可能である。一般論として、歴史をひもとけばどのような地域にも未だ磨かれていない宝が隠されているものなのだ。なぜなら、地域とは本来そのようなものなのであるから。こうした作業は必ずや地域の活力に繋がっていくだろう。

ましてや江戸の時代から国の中心であったこの地である。歴史の中に多様な宝が埋まっていないはずがない。問題はそのような柔軟な発想をもてるかどうかという点だけである。

（二〇〇八年三月）

7　地域遺産としての火の見櫓

火の見櫓との出会い

私が火の見櫓を意識して見るようになったのは、一九七九（昭和五四）年の夏からである。なぜそれがわかるかというと、その夏に初めて意識して火の見櫓の写真を撮った記録が残されているからである。それが写真1である。

これは、東海道の宿場町である見付宿（静岡県磐田市）の光景である。当時、大学院生だった私は研究室の仲間たちと自主的な都市調査を始めたばかりの頃で、見付宿は自分たちで自主的に選んだ初めての調査対象地であった。当時、見付では道路拡幅計画が進行中で、歴史的な町並みが危機的状況にあった。写真中央に櫛の歯が欠けたように下がって建っている建物は、そうした拡幅計画を受けて、建物を建て替えたところだった。両脇にはまだ古い町家が残っており、奇妙なくぼみの背後に突然、シングル葺きの洋風の屋根をもったかわいらしい火の見櫓が顔をのぞかせていた。不思議な光景に出会ったという印象を覚えている。それを撮ったのがこの写真である。

見付には、国の史跡に指定されている見付学校という明治初期の擬洋風の学校建築が残されており（写真2）、その頂部にはやはり優美な曲線美の屋根をもった塔屋が載っている。名古屋の宮大工、伊藤平右衛門（後の九世平左衛門）が見よう見まねでつくったこのすばらしい洋風建築に込めた心意気と同じものを見付の火の見櫓に見出し、シャッターを切ったのだろう。

その後、調査でこのあたりを訪れるたびに火の見櫓を意識して探すようになり、同じような洋風屋根をもった粋な火の見櫓が多いことに気づき、いつかはきちんと調べたいものだと思っていたが、そのままいたずらに月日が経過してしまい、今に至っている。ただ、こうした洋風の火の見櫓は他の地域では見出せないような印象をもっており、本書（『火の見櫓——地域を見つめる安全遺産』鹿島出版会、二〇一〇年）の編者である「火の見櫓からまちづくりを考える会」（以下、火の見会）代表の塩見寛氏にずいぶん以前にそのようなことを話した記憶がある。

個人的には小さな風景の発見に過ぎなかった火の見櫓が、このような組織的な研究となり、豊かな内実をもたらしてくれるようになったことにうれしい驚きを感じている。

写真1　見付宿（静岡県磐田市）の火の見櫓
1979年

写真2　国の史跡に指定されている旧見付学校。1875年に建てられたわが国最古級の擬洋風学校建築。手前に偶然にも写真1の火の見櫓が写っている
1979年

ここではこれまでの火の見会の成果をもとに、火の見櫓の地域遺産としての価値を改めて考えてみたい。火の見櫓の個人的なスナップ写真的発見から三〇年近く経っての火の見櫓再考である。

写真3　現在の見付宿の火の見櫓。優美な姿はこの地方の火の見櫓の特徴である
2016年

火の見櫓の特色

火の見会のこれまでの成果を参考に、火の見櫓を見直すといくつもの興味深い特色をまとめることができる。火の見櫓は一八九四（明治二七）年の消防組規則のもとに各府県において定められた施行細則において設置が規定されたものである。

消防組は江戸時代の町火消の後継組織であり、町火消が屋根の上に櫓を建てて火の見を行ったことを受け継いで、火の見櫓が定式化したのだろう。大名火消や定火消が成立した後、町人による自主的な消防組織として一七一八（享保三）年に町火消が組織化された。

あるいは火の見櫓は町家しか建てられなかった当時の町人たちが唯一建てることのできた高い建物として象徴的な意味をもっていたのかもしれない。そうだとすると、火の見櫓はそのそもそもの出発から、シンボルとしての役割をもっていたと推察することもできる。

消防組は、町火消なき後、近代における民間自主防災組織の好例である。その後、防護団、警防団へと改組され、戦後は消防団として一九四七（昭和二二）年に組織化された。火の見櫓も全国各地の消防団の中心的施設として、いやそれ以上に自主的な地域防衛のシンボルとして、その町火消以来の系譜に連なるのである。

現在、各地で見ることのできる火の見櫓の大半は、戦争による金属供出の災厄を経て、一九五五年前後に再建されたものであるという。今日の火の見櫓のほとんどは、地元の鉄工所によって建設された、手づくりの鉄骨トラス建造物である。つまり、火の見櫓は地元職人の手づくりのシンボルでもあるのだ。

もうひとつ、火の見櫓には共通した特色がある。

当たり前のことではあるが、火の見櫓は見張り台にのぼったところから見える範囲の火災を監視するものである。したがって、その立地にあたっては、消防団（多くの場合、消防団分団であるが）のある地域の全貌がよく見えるようなところが選ばれることになる。これを地域の側から見ると、その地域においてはどこにいても火の見櫓が見えることになる。見えなければならないからである。視覚的にも火の見櫓はそのカバーする地域の要である。つまり、火の見櫓は地域の風景のシンボルたり得るのだ。

と同時に、火の見櫓から鳴らされる半鐘は、当然のことながら地域のどこからでも聞こえる必要がある。物理的に消防団の活動できる範囲で、かつ半鐘の聞こえる範囲ごとに火の見櫓が必要だということになる。火の見櫓が核となる地域風景にはおのずと適正なスケールがあるはずである。ここにも火の見櫓の特色がある。

地域遺産としての火の見櫓

火の見櫓の特色としてここまで見てきたことがそのまま火の見櫓を地域遺産としてその重要性を評価すべき項目となる。火の見櫓は地域防衛のシンボルであり、あるまとまりをもった地域風景の核であることがそのまま地域の遺産として評価されることになる。

ある圏域の中心部近くでどこからでも見通せる場所に、高くそびえる火の見櫓は視覚的にも貴重な遺産である。そしてこのモニュメントは機能をもち、組織を表象し、歴史的な由来を体現しているのである。

その他の視点もある。火の見櫓の足もとには、多くの場合、半鐘の鳴らし方の案内板が掲げられている。火災信号、山林火災信号、火災警報信号などに分かれており、それぞれまたいくつかの半鐘の打ち方に分かれている。たとえば、火災信号は近火信号（連打）、出場信号（三連打）、応援信号（二連打）、報知信号（単打）、鎮火信号（単打と二連打の組合わせ）に分かれている。これは明らかに江戸の町火消の半鐘の鳴らし方に由来している。江戸では、火元が遠いときは単打、火消の出動が二連打、火元が近いときは三連打、火元がごく近いときは乱打（すり半鐘、なまって「すりばん」ともいう）、鎮火は単打と二連打の組合わせが用いられていたようで、鎮火信号はそのまま受け継がれているほか、ほとんど同じような意味合いで鳴らし方が受け継がれている。

近いところの火事ほど緊急の鳴らし方をするというのは常識でもわかるが、たとえば鎮火の合図などは半鐘の鳴らし手と聞き手の間に共通の了解が成立していないと理解することはできない。これは音文化の遺産であり、さらにそれを受け継いでいくコミュニティが存在することの証である。

地域の自主防衛というある種の自治の姿が、明確なかたちとして表現されていること、それが歴史的な由来をもち（たとえば他の国には火の見櫓というものは日本統治下の朝鮮や台湾の例を除いて、ほとんど存在しないという。少なくとも全国的に普及している国はないらしい）、今でもそれなりに受け継がれているとするならば、これはれっきとした地域遺産だということができる。

しかし、地域遺産という表現には、すでに歴史の中で語られるようになり、現代においては役割を終えたものといったニュアンスが感じられる。確かに、消防団の役割は徐々に小さくなってきているし、火の見櫓から半鐘を鳴らさなくても防災無線や有線放送、テレビやラジオの臨時ニュースや携帯電話での連絡など、緊急を知らせる手段はかつてよりはるかに多様になっている。そうしたなかで火の見櫓の存在価値をどのようにとらえたらいいのだろうか。

地域遺産といういい方は、一方で遺産となったものに新たな価値を見出すという意味が込められている。無用の長物を遺産とは通常はいわないからである。それでは、火の見櫓の遺産的な価値とは何だろうか。火の見櫓が地域の自主防衛という考え方のシンボルであるということは先に述べたが、こうしたシンボルを現時点で評価するということは、かつて以上に重要なことになっているといえよう。つまり、地域の物理的な自立とガバナンス上の自律とを評価する視点は、地方分権を進めるうえにおいて、現代においてまさに追究すべき視点であり、それをシンボルとして体現している火の見櫓は貴重な教訓だからである。

消防団は団員の減少と高齢化が問題になっているとはいえ、現在でも地方における自立的な防災組織として有効に機能しており、その存在意義は大きい。二〇〇七年四月一日現在、全国に二四七二の消防団、二万三六〇五の分団が存在し、消防団員の総数は八九万二八九三人にのぼっている。ただし、これは消防団が設立間もない一九五〇年代と比較して消防団数で四分の一以下、団員数で半分以下となっている。

また、地方分権の基礎的な単位がどのくらいのものであるべきかを考える際に、火の見櫓が分布しているスケールはひとつの参考となるだろう。半鐘が聞こえる範囲で、かつ見渡すことのできる範囲という条件は、じつにわかりやすい具体的な地区画定の論理である。そしてそれは地区の広がりをひとことで表せる実体的な指標であり、おそらくは生活の実感とも一致していると言えるだろう。

親とのつかず離れずの居住の様子を表すのに「スープの冷めない距離」という言い方が英語にはあるが、火の見櫓が見えて半鐘が聞こえる範囲という表現は、あるいはそれと似たような生活実感にもとづいた地域の広がり感を表現する単位だということもできるかもしれない。

同時に、手仕事としての火の見櫓の具体的な姿に価値を見出すこともできるのではないだろうか。

火の見櫓は基本的に地元の鍛冶屋の手づくりである。したがって、屋根の姿にも、見張り台の姿にも、細部の装飾にも、鉄骨の組み方にも地域的な特色があり、それらの組合わせとしての全体の姿には一つとして同じものはないといわれている。また、火の見櫓が立つ場所の地形は当然のことながら一つひとつ固有であるので、周辺との関係や配置はすべて異なっている。したがって、火の見櫓が建っている風景を遠望するとその姿も一つひとつ別物である。こうした個性はそれ自体、地域遺産の重要な価値ではないだろうか。

写真4は、私が見つけたもっとも個性的な火の見櫓である。上吉田（山梨県富士吉田市）の市街地の中にある。脚もとが曲線になっているのは、ここから消防ポンプ自動車（あるいは神輿か？）が出入りするための工夫だろう。

子細に見ると、ここは富士講の御師集落で、富士山に向かって直線的に伸びた道路に沿って、直行する敷地が計画的に町割りされたところであり、御師の家は街路から奥まったところに位置し、表通りからこれまた直線的な辰道《たつみち》と呼ばれるアプローチ道路を通って出入りすることになっている。富士山信仰をもとにしたまちのつくりだけあってあたかも神社へのアプローチのように、すべてが直線でできている点が上吉田の集落の特徴である。

こうした特殊な町割りの制約からおそらくは狭い間口の町家のロットの前面に火の見櫓を設置しなければならない事情があり、火の見櫓の脚もとから出入りするしかないという条件からこのような姿をとることになったと推察される。

つまりこうした不思議な形姿の火の見櫓にもそれなりの根拠があるのだ。ここにも地域遺産を読み解き、評価する理由がある。すべての配置と形態にはそれなりの理由があるということである。地域資産を評価するということはこうした資産の物語を大切にするということでもある。もしくはもっと積極的な意味合いがあるのかもしれない。

火の見櫓のこれから

いかに火の見櫓に地域資産としての価値を見出したとしても、まったく実用的な用途が見出せないとすると、その存続を説得力をもって主張することは難しい。実際に、火の見会の調査によると、火の見櫓の

写真4　上吉田（山梨県富士吉田市）にあるユニークな火の見櫓。曲がった脚もとだけでなく、寸詰まりの屋根も不思議な格好をしている。有名な吉田の火祭りの際にこの写真手前側にある御旅所にこの火の見櫓の下を通って神輿が進むためにこのような形をしているのだろう
2006年

数は徐々にではあるが減少してきているようだ。

では、火の見櫓に将来はないのだろうか。火の見櫓は現代において新しい役割を担うことはできないのだろうか。

『火の見櫓』の編者である「火の見櫓からまちづくりを考える会」の名前がストレートに表現しているように、火の見櫓をまちづくりの一つの契機と考えることからこの課題は解かれなければならないだろう。

第一に、火の見櫓の文化財としての価値を明らかにすることがある。

すでに登録文化財になっている火の見櫓も存在するが、多くの火の見櫓は少なくとも地域のシンボルとして登録文化財になる価値がある。火の見櫓の比較研究が進めば代表的なものは文化財としてさらに高い価値づけを与えることができるかもしれない。

こうした作業を通して、火の見櫓のある風景を単なる当たり前の風景として見過ごすのではなく、日本の地域づくりの貴重な努力が生み出した文化的な風景だとして価値づけすることがまずは必要であろう。

第二に、火の見櫓が象徴する日本の地域の自主的な民間防災組織、ひいてはそれぞれの地域のまちづくり運動の業績を示す一里塚として見直すことがある。

今後ますます地域の自立や自律、官民の協働による地域経営のセンスが求められているのであるから、消防団が担ってきたような役割は、さらに大きな流れの中で語られる必要がある。つまり地域の自立のためには官民によるさまざまな側面での協働が行われなければならないが、人口減少下の現状では、地域の課題を部門ごとに分断して統括する余裕は次第になくなりつつある。全体を地域マネジメントの観点から統合的に運営する必要性が日増しに高まってきているのだ。消防団もそうした流れの中で語られる必要があるだろう。いつまでも消防組織法の枠内で防災だけの特化した組織ではいられないだろう。

火の見櫓を生み出してきた地域の力を、防災だけでなく地域づくり全般へ戦略的に広げて、地域経営の筋道を語る必要がある。そのとき、火の見櫓はそうしたエネルギーの象徴として、十分に役割を果たし得ると思う。

第三に、火の見櫓のある風景を景観的な価値から再評価するということである。火の見櫓が存在する広がりを一つの景域、あるいは風景の自立単位としてとらえ、その芯に火の見櫓を置くことによって、地域の風景づくりの手順が見えてくるのではないだろうか。これは景観法による景観計画立案の新しい方法論ともなり得るかもしれない。

写真5　明治後期の見付宿。写真中央に火の見櫓が見える
出典：『磐田の記録写真集』磐田市教育委員会編、2006年

最後に、以上の観点をすべて統合して、火の見櫓のもつ物語としての意味をまちづくり運動の視点から再評価することが大切だろう。

火の見櫓は多様な意味をもっているのだ。まずはそれを多様な側面から明らかにすることによって、おのずとまちづくりの方策は浮かび上がってくるのではないだろうか。自分たちの身近にこんなにおもしろいものがあるとすると、それだけでも少しは元気が出るというものである。物語そのものが人にエネルギーをもたらす。火の見櫓の物語そのものからまちづくりを考えることが可能なのである。そのためには火の見櫓をもっと知らなければならない。『火の見櫓』の出版はその目的のためにあるのだ。

見付ふたたび

見付宿の火の見櫓を「再発見」してからほとんど三〇年の月日が経過してしまった。この間、東海道五十三次の宿場町の一つである見付宿は道路拡幅ですっかり変貌してしまい、現在では表通りに歴史の面影はない。写真1の両脇の町家もその先の町並みも消えてしまった。

ただ、もちろん旧見付学校の建物は健在であるし、宿場町の中央を流れる今之浦川の景色もそのままである。裏道沿いの蔵や横丁の風情を再評価しようというまちづくりの動きもある。私がかつて見た火の見櫓もまだ典雅な姿を保っている（写真3）。まちが変わってしまったとしてもまちを大切に思う人びとは今も健在のようである。

見付学校から見付の火の見櫓に受け継がれた職人の熱い想いのようなものが一つの物語として語り継がれるならば、これからの時代にまた一つのまち自慢の景色が生まれ、見付のまちがまた新しい歴史を取り戻していくことを後押しすることも可能だと思う。

一基の火の見櫓がそのきっかけを与えてくれるとすれば、これもこのまちにとっての大きな貢献ではないだろうか。ちょうど、これまでの時代に火の見櫓が見付のまちを見守ってくれたような貢献を、違うかたちで果たしてくれることになると言えるのではないだろうか。そう願いたい。

（二〇一〇年七月）

第2章

景観整備と都市計画

1 近代日本都市計画の中間決算——より良い都市空間の実現に向けて

1 新しい時代の都市計画の姿とは

私は都市の空間を対象としたフィジカル・プランナーであり、空間の履歴から今後の都市を見通すことを試みているフィジカル・デザイナーである。その守備範囲の中でこれまでも都市計画制度に関して論じ、新しい制度の提案やその実現に寄与してきたつもりである[★1]。都市計画制度全般を論じるというよりも、現実に魅力的な空間を育て上げ、生み出すという実証を示すことによって、あるべき都市空間の方向を提示し、それに向けた都市計画制度のあり方を考えてきた。そのことにこだわってきたし、またそのことを喜びともしてきた。

ただ、より良い都市空間を実現しようという立場で現場に赴くと、現在までに作られてきている都市空間の質に責任をもつべき都市計画がいかにその責任を果たしてこなかったかを痛感することが少なくない。私自身は都市計画制度論者ではないが、フィジカル・プランナー／デザイナーの立場から都市計画制度そのものに対するある種のはがゆい思いがある。

政権が交代し、地方主体のまちづくりがさらに本格化し、都市計画制度の見直しも進められている今日、現行の都市計画に関する私なりの素朴な疑問を六点にまとめて提起し、その疑問を手がかりに都市計画制度が本来あり得べき姿を掘り下げ、今後実現すべき都市計画の姿を素描することを試みたい。

右肩上がりの時代に考案された現行の都市計画制度全体が、人口減少時代に機能不全を起こしているのではないかとの印象が強い。だとすると、これからの時代にふさわしい都市計画の姿を根底から論じ直すことを私たちはやらなければならないのではないか。そのとき、現行の都市計画制度がより良い都市空間を生み出すことにほとんど繋がっていないという、市民感覚に基づいた素朴な、しかし根源的な疑問こそ、これからの都市計画の骨格を議論するうえで重要なのではないだろうか。

2　現行都市計画制度に対する六つの素朴な疑問

疑問その1　建築・都市計画規制は結果として魅力ある都市空間を造ってきたか

これまでの建築・都市計画規制は整った魅力ある都市空間を造ることに寄与してきたということができるのか。

確かに個々の都市空間はこぎれいに整ってきたと言えるが、それは単体の建築物サイドでの努力の成果であって、都市計画の功績以前の問題である。日本の都市計画規制は、都市計画事業を除けば、建築物の敷地単位に、建築物の更新に合わせて、一定の土地利用規制と密度規制をかけ、さらに相隣関係に由来する建築物の形態規制をかけていくということを基本としている。規制は敷地単位にかかり、建築物の更新がされていくにしたがって計画規制は次第に地区全体に広がることになり、徐々に計画意図が実現されていくというかたちをとる。

しかし一方で、ほとんどの場合、建築物の建つ敷地の規模に制約があるわけではなく、敷地の形状に関しても、接道義務を除けば特段の規制はない。敷地の統合や細分化に関して規制が及ばず、個人所有の大規模敷地の場合、相続が発生するたびに細分化されるという傾向を阻止し難い。一方で、法人所有の大規模敷地に建つ建物の形状はほとんど事前予測不可能である。

このような無政府的な状況の敷地の上に立つ建築物に対して、敷地規模に関する配慮や洞察なしに、均一的な密度規制・形態規制をかけるということは何を意味するのか。——建築物の規模や高さに関してもまちまちとなるということである。そのうえ、道路斜線や隣地斜線は隣接地の環境維持のために設定されるものであり、それも単一敷地の中で解決せねばならず、一般に、地区全体の形態に対する配慮は存在しないのである。

さらに近年では建築物の後退による斜線制限の緩和、道路からの一定距離以遠の斜線制限の撤廃、天空率の導入などの一連の緩和措置が導入され、整った町並みやスカイラインを形成していくという方向とはまったく逆のベクトルがさらに強く働くことになった。

他方、防火地区や準防火地区が都心とその周辺の商業系の土地利用の地区にかけられることによって、在来型の木造建築が否定されることになる。歴史的な町家が残存するような中小都市の中心部は、従来、職住併用の土地利用がなされてきたので、都市計画の用途上は商業地域や近隣商業地域など商業系のゾーニングがなされることが多く、連動して防火地区や準防火地区がかかり、結果的に文化財以外の歴史的な町家の存続が否定されることになっている。さらにいうと、こうした歴史的建造物の増改築にあたっては旧来の歴史的建造物の部分にも建築基準法が遡及的に適用されるため、地区の町並みの歴史性の継承も困難な状況にある。

加えて緩い容積率規制が結果的に開発の圧力として機能してきたという歴史も忘れてはならない。

そもそも日本の都市計画における用途地域制においては定められている地域地区には固有の建築様式というものが存在していない。それどころか普通名詞としてさえ、固有の建築様式を示す用語がほとんど存在していないというのがこの国の現状である。

現状でもっとも規制が厳しい第一種低層住居専用地域にしても、土地利用を住居系に限定する規制以外に、低い建蔽率（三〇、四〇、五〇、六〇パーセントのいずれか）と容積率（同じく五〇、六〇、八〇、一〇〇、一五〇、二〇〇パーセントのいずれか）、絶対高さ規制（一〇または一二メートル）と厳しい北側斜線制限などが都市計画によって定められているのみである。この鳥かご状の建築制限の面的規制の枠内であれば、特別な付加的規制をかけない限り、建築物の形態意匠はもちろん、庭付き一戸建てであろうが、連棟型の集合住宅であろうが、木賃アパートであろうが建設可能である。庭付き一戸建てにしても、道路側に庭をもとうが、裏側に庭をもとうが、空地部分を、すべて駐車場にしようが、緑で覆うことにしようが問題ないのである。

第一種低層住居専用地域ですら、固有の建築様式を課すことができないのである。もちろん表向きは庭付き一戸建ての様式が前提としてこの制度は組み立てられていることは誰の目にも明らかではあるが、それは望ましい建築様式としてはあり得ても、遵守しなければならない建築様式とはなっていないのである。

そもそも日本の法律には、遵守しなければならない建築様式という概念すらない。なぜなら、日本の建築基準法は集団規定の側面において、近隣への迷惑を避けるという紛争調停に主眼が置かれており、何らかの建築様式で統一された地区を作り出すという意図を当初からもっていないからである。単体がこういう状況であるから、都市計画法も建築物群の調和をめざすことは、特別な地区を除いて、初めから無理だということになる。

敷地内の非建蔽部分に関しても、特別の付加的規制をかけない限り緑の量や質を規定することができない。都市計画の規制が建築物の建設時の建築確認と連動しており、建築確認は建築基準法の領域である建築物単体の規制に限られているために、建物が建っていない部分に関する規制がうまく機能しないからだ。

さらに日本では土地の所有権と上物の所有権とが分離可能であり、加えて借家権や借地権という利用の権利がかぶせられることによって、土地建物の改変がままならないという事情が加わる。

このように都市空間の質をコントロールするような仕組みは従来型の建築・都市計画制度にはほとんど

存在しないのである。より良い都市景観の形成に関しては、努力目標以上のものではなく、主観に関わる問題であるとして強制的な規制にはなじまないというのが一般的な考え方であった。

ようやく二〇〇四年に成立した景観法によって良好な景観を保全・創造するために、最低限度の建築物の質を担保するための規制が導入されたが、こうした規制を導入するか否かはそれぞれの景観行政団体の意向に委ねられており、全国レベルでの都市景観の質のコントロールが実施されているわけではない。また、もっとも規制が厳しい景観地区においてさえ、単に許容される建築物の形態・意匠が明記されているのみであり、実現すべき町並み景観の具体像を示すための仕掛けが組み込まれているわけではない。

このように現行の建築・都市計画制度は地区レベルでどのような町並みを造っていくかということに関しては、地区計画などごく例外的な例を除いて、ほとんど責任を負ってこなかったと言っても過言ではない。強い財産権を背景にした建築自由の原則のもと、相隣関係に由来する必要最低限の形態規制を敷地単体にかけてきたに過ぎないのである。——これを曲がりなりにも都市計画規制と呼ぶことができるだろうか。私たちがもってきた都市計画規制とは、極言すれば、積極的に生み出すべき地域の町並み景観に関するイメージをもたない、紛争調停型の迷惑防止規制に過ぎないのである。

疑問その2　ゾーニングはまだ有効か

都市計画事業が能動的な都市計画制度の代表であるとすれば、受動的な都市計画制度の代表格はゾーニングによる土地利用規制であろう。一九一九年の旧都市計画法の最初から商業地域、工業地域、住居地域、そしてその他の白地の地域という分類が導入され、風致地区、美観地区、風紀地区（指定されなかった）などの地区制が並行して用いられた。その後地域地区制度は一貫して細分化の方向で進んできた。そして、私たちはこうした土地利用規制の仕組みをごく自然に正統的な都市計画規制として受け入れてきた。

しかし、振り返ってみるとゾーニングという制度にもいくつもの無言の前提が潜んでいる。それらは、

①変化の少ないところではゾーニングの有効性は著しく低くなるので、基本的にゾーニングは都市が変化していくことを前提としていること。その変化もどのような変化でもいいわけではなく、いわゆる右肩上がりの変化でなければならないこと。これは、ゾーニングがアメリカで発達し、ヨーロッパでは都市計画規制としては主流ではないことにも現れている。

②ゾーニングの制度はオハイオ州ユークリッドの裁判の事例に代表されるように郊外住宅地に夾雑物が混入してくるのを防ぐことから始まっている。住宅地という土地利用は脆弱であり、他の土地利用に対して守るべきものであるという前提から出発している。同様に、商業的土地利用は地価負担力が強いので都心に限定すべきであるという前提、さらにいうと用途を純化することがそれぞれの用途にとって望ましいことであるという前提がある。

③ゾーニングは、都心から郊外へ向かって同心円状に、あるいは少なくともセクター状に、土地利用が分かれることを無言の前提にしている。つまりこうした連続性を可能とするような都市圏内のモビリティのあり方が前提となっている。

④ゾーニングは、その性質上、変化を誘導することによって最終的に静態的な都市をめざすことを前提としている。さらにいうと、最後にあり得べき都市の機能分布というものが安定して存在することを前提としている。

⑤一方、ゾーニングは最終的な都市の形態に影響を与えることはあっても、都市の形態を積極的に導くものではない。つまり、都市の形態はゾーニングにとっては結果であって目的ではないということである。

では、現実はどうか。

年々、商業地域に立地する大規模商業施設は減少し、市街化調整区域や都市計画区域外により多く立地するようになってきている。人口の重心も郊外へ移動してきており、商業がそれを追って郊外に立地するのも自然な行動だと言える。物流の観点からも郊外立地の方が有利である。商業を核として同心円状に都市が形成されるという二〇世紀初頭の都市イメージは、自動車交通の普及とこの国の弱い都市計画規制によって覆されてしまった。

他方、か弱いはずの住宅が高層マンションというかたちで都心に進出し、かえって都市景観を混乱させているという事例が増加している。一方で、情報通信技術の発達によって、自宅でも就労できるような環境が整い始め、就業の形態が徐々に変化し始めている。オフィスの立地も業種によっては以前と比較して都心にこだわる必要が少なくなってきている。商業と業務の立地分化が顕著になってきた。

そもそも都市の変化が少なくなってきており、フローよりもストックに重心を置いた施策が求められている時代に、フローの制御を基本としたゾーニングによる規制は副次的な意味しか持ち得ないということになる。

他方、現行のゾーニングでは遊休化している土地を規制することができないという問題もある。もちろん、都市計画法の中身の方も、時代の変遷とともに少しずつ変化してきてはいる。ゾーニングに関しても、地域地区制度の目的に関して述べている都市計画法第一三条第七号には、「防災、安全、衛生」という古典的な目的に加えて、近年の新しい法制定の流れに沿って、「良好な景観を形成し、風致を維持」することも明示されている。ただし、こうした目的のためにゾーニングにできることは残念ながらより厳しい規制の地域地区を適用するなど、間接的なことに限られている。

やはり今日、ゾーニングの有効性は非常に限定的になってきていると言わざるを得ない。

疑問その3　容積率規制は機能しているか

郊外部の居住環境保全がゾーニングの動機であったとしたら、都心部の交通混雑の防止が都市における密度規制の動機であった。当初はシカゴやニューヨークにおいて一八九〇年代に試みられたような建築物の高さ規制によってコントロールし、それによって発生交通量を制御することに目的があったが、次第に敷地面積に対する延べ床面積の割合、すなわち容積率の規制がアメリカ型の都市計画の主流となっていった［★2］。

日本においても一九七〇年に建築基準法が改正され、絶対高さ規制から容積率規制の全面的適用へ舵が切られた。その背景には建築技術の高度化によって地震国日本においても高層建築物を建てることが可能となったという技術の発展がある。

いったん密度規制が定着すると、その土地において実現可能な容積率の値はその土地の地価を形成する決定的な要因となる。容積率は行政が都市計画決定の手続きを経て、都市計画法が定めるメニューの枠内で定めることができるものである。したがって、容積率の数値をどのように定めるかは行政が実際上実行し得る最大の影響力をもったツールとなっていった。一九八〇年代以降、私有ではあるがオープンスペースとして公共の用に供する用地を事業者に提供させるといった、都市計画事業に類似した半ば公共事業と言えるものを実施するためのインセンティブとして、容積率の割り増しが多用されるようになった。

その結果、行政は公的資金を一銭も投入することなく一定の公共的な施策を実施することが可能となった。容積率の緩和をアメとした各種地区計画などの制度が数多く創出され、その結果、日本の都市計画制度は専門家にも容易にはわかりかねる複雑怪奇なものになってしまった。

ここで原点に返って、密度規制が有効に機能するための社会経済的な前提について考えてみたい。そこから容積率規制の今後を考える方向性を見出すことを期待したい。容積率規制が実効性をもつためには、以下の要件を満たさなければならない。

①地域全体に一定程度の開発の圧力がなければならないこと
②密度規制が交通集中による混雑の緩和に寄与するということが前提となっていること
③容積率の割り増しがインセンティブとして機能するためには、周辺地区の公共的空間の整備水準が

比較的低いことが前提となっていること

④そもそも容積率は建築物に対する規制であるので、非建蔽地の様態のコントロールは行うことができないが、これは非建蔽地の様態規則自体はそれほどの重要性をもっていないという認識が前提となっていること

⑤容積率規制は一定程度以上の密度がある開発や地区を前提としているため郊外型開発の規制にはなじまないこと

⑥さらにいうと、容積率は対象となる建築物に呼応して設定されている一つの敷地に対して計算上求められる数値であるので、建築物がその上に建つ敷地と一対一に対応していることが前提となっており、その集合として地区の空間を考えていること

⑦こうした考え方が有効であるという建築基準法そのものの思考法が制度構築の前提となっていること、などである。

しかし、今日このような前提を何の疑問もなく鵜呑みにすることはできないのは明らかである。なぜなら、

①現在、容積率を上限まで使うほどに開発の圧力があるのは日本においては大都市の中心部に限られていること

②したがって容積率がインセンティブとして機能しないばかりか、容積率による密度規制そのものが機能しなくなりつつあること

③日本では容積率規制と建蔽率規制とがセットになって実施されているが、そもそも建蔽率規制は戸建て住宅など、建物周辺にオープンスペースをとることが重要な土地利用形態に関して有効に機能するものであって、商業業務用途が中心の密度の高い中心市街地周辺には不向きであること

④むしろこうした中心部においては、地区全体の空間構成のあり方が重要になるのであって、単体の敷地のサイズが必ずしも一定幅に収まっているわけではない場合には、建蔽率・容積率規制は不適

切であること

⑤他方、広大な駐車スペースをもつ郊外型ショッピングセンターなどの開発は建築の密度が低いので、容積率規制にはなじまないこと

⑥かりに容積率インセンティブによる開発誘導が実現したとしても、周辺地区との関係の面では、公開空地を提供してその分容積の割り増しを得て建設される計画は、周辺からよりいっそう突出した性格が強まり、地区の連続性の点でも地区の肌理《きめ》の調和の点でも、都市計画マスタープランなどの上位計画との整合性の面でも往々にして難点があること

などの問題点を指摘することができるからである。

たとえ容積率規制が有効に機能するところがあるとしても、現行の比較的緩い容積率ではインセンティブ交渉の材料となりにくいうえ、そもそも緩い規制そのものが現在の容積率未消化の土地利用を否定する圧力となりかねず、歴史的な建造物が存続しているような場合には、保全を否定するひきがねとして働くことになることがあげられる。さらに、敷地規模が大きいときには、容積率が周辺と同じであったとしても、出来上がる建築物のスケールは敷地規模に比例して巨大となり、結果的に周辺との調和が図られないという結果になりかねない。容積率規制ではスカイラインのコントロールができないのである。

容積率規制に代わる新しい都市計画の仕組みを提起する必要がある。

疑問その4　都市計画にはなぜ、歴史や文化を尊重する規定がないのか

現行の都市計画法の中に歴史や伝統、文化といった言葉が含まれているだろうか。答えは、「ごく例外的に」である。

たとえば、建築基準法はその第一条において、「この法律は、建築物の敷地、構造、設備及び用途に関する最低の基準を定めて、国民の生命、健康及び財産の保護を図り、もつて公共の福祉の増進に資するこ

とを目的とする」と謳っている。つまり、「最低の基準」のみに関心が集中し、歴史や伝統、文化を向上させるといったことに意識が向かうすべがないのである。さらには、アメニティや賑わいも建築基準法の埒外なのである。

他方、都市計画法の中にこれらの用語が出てくるのは、法第二条の都市計画の基本理念のところに、「都市計画は、……健康で文化的な都市生活及び機能的な都市活動を確保すべきこと並びにこのためには適正な制限のもとに土地の合理的な利用が図られるべきこと」を基本理念とすると述べられているところのみである。残りは、歴史的風土保存区域、伝統的建造物群保存地区、文化財保護法、歴史的風致維持向上計画など、他の法令に言及している部分に限られている。

では、「健康で文化的な生活」とはどのようなものか。これは、もちろん憲法第二五条一項の「健康で文化的な最低限度の生活」から来ているが、ここでいう生存権は抽象的な権利を述べているに過ぎず、「文化的な都市生活」の具体的な内実は計画の中身に依存することになる。ここでいう「文化」とは、生存権のもとであって、本稿で議論しようとしている都市の文化的側面とはほど遠い。イタリアの共和国憲法が第九条において「文化の推進及び記念物の保護」と明記しているのとは対照的である。

従来の都市計画の世界において文化の存在感が極端に薄いのは、日本の都市計画がそもそもこの国の都市の「近代化」を推進するための手段であったからである。したがって伝統文化や伝統的な社会、それらがもたらした在来の都市空間は一般的に、前近代的なるもの、改善されるべきものと見なされてきた。文化財的価値を有する土地や建物、都市空間は都市の「改善」をめざす都市計画や建築関連法規からは除外されるべき例外と見なされてきたのである。

たとえば、城下町の都市計画を考える際に、中心となってきたのはほかならぬお城そのものであり、お城と城下の関係をどうとらえるか、その今後をどのように構想するかが計画の基本であるはずなのに、ほとんどの場合、城下町の都市計画図は城郭部分を都市計画公園にするか、白地にするかして、都市計画の関心の外縁に位置づけてきたに過ぎないのではないか。

いわゆる古都保存法(一九六六年)という時代に先駆けた法律もなくはないが、同法がいう「古都」とは、「わが国往時の政治、文化の中心等として歴史上重要な地位を有する京都市、奈良市、鎌倉市及び政令で定めるその他の市町村」(第二条一項)であり、かつての王都のみを例外扱いするものである。例外だからこそ、比較的早い段階での立法措置が可能だったのである。そのうえ、対象となる「歴史的風土」とは「わが国の歴史上意義を有する建造物、遺跡等が周囲の自然的環境と一体をなして古都における伝統と文化を具現し、及び形成している土地の状況」(第二条二項)とあり、結局は都市縁辺部の緑地であり、古都保存法は、古都の都心を保全するものではない。

都市計画に関連した事業においても、たとえば耕地整理事業や土地区画整理事業では、社寺境内や古墳など歴史的に重要な土地は通常、事業の対象地区から除外している。土地に固有の意味をもたらすこれらの歴史的環境を土地区画整理事業で形成する道路パターンのデザインの手がかりにするといった発想は普通はしないのである。

建築単体に関しても、建築基準法第三条一項において、文化財に指定されている建築物は建築基準法の適用を除外されると規定している。適用除外される指定文化財の範囲は、従来は国指定の重要文化財に限られていたものが、二〇〇四年に建築審査会が同意すれば市町村指定の文化財建造物にまで広げられた。改善の大きな一歩ではあるが、指定文化財を法の範疇から除外し、別格扱いすることで解決を図るという意味では従来の姿勢から出ていないとも言える。

国の登録有形文化財をはじめとして膨大な数の指定文化財候補建造物や、まちづくりの手がかりとなる未指定建造物は建築基準法の適用除外対象となることはなく、それどころか増改築をしようとすれば、古い建物部分まで、基本的に新築一戸建てを基本とした現行の建築基準法が厳格に適用されてしまうのである。消防法や旅館業法の適用も同様の問題を抱えている。

この国の制度は新しい都市を造るための法律を適用して、○か×かを峻別するという傾向が色濃い。歴史と安全性や快適性等を総合判断し、創意工夫して△を生み出すといった発想は乏しい。そのための仕組みもない。そのうえ議論の対象となる建築物はすべて新築が前提なのである。

もちろん近年、こうした発想を克服し、歴史や文化を都市計画の内部に組み込む努力がなされてきたことも事実である。一九九六年に建設省が発表した文化政策大綱に始まり、二〇〇三年の美しい国づくり政策大綱、一九九六年の景観法、二〇〇八年の歴史的風致の維持及び向上に関する法律、通称歴史まちづくり法へと続く一連の動きである。

また、特定街区制度や総合設計制度、地区計画制度の中には、歴史的な建造物を尊重することに対してインセンティブを与えているものがあるので、従来から都市計画が歴史や文化にまったく無関心ではないということとは言えなくもない。

ただし、こうした動きは都市計画の法制度そのものを変革する努力というよりも、従来の都市計画制度に欠落していたものを、都市計画制度の外延に付加して、その場しのぎの対処をすることにとどまっていると言わざるを得ない。

さらに言うならば、そこで対象となる文化も伝統文化や民俗文化など、これまで文化財行政が対象としてきたようなハイカルチャーに限られている。現在の都市を魅力的にしているのは都市のストリートで繰り広げられる文化であり、都市でのライフスタイルが醸し出す文化であると言えるが、そうした生活文化やサブカルチャーは都市計画が扱う対象からはまだほど遠いと言わざるを得ない。

疑問その5　都市計画にはなぜ、周辺環境との調和、居住環境の保全に関する視点が乏しいのか

先に引用した建築基準法第一条にあるように、建築基準法のねらいは「最低の基準」を遵守させることであって、そこには日影などの迷惑防止の観点はあるとしても、積極的に環境の調和を図るといった視点

は持ち合わせていない。美観地区の規定などを建築確認と関連づけて何とか拘束力をもたせようという試みもかつては存在したが、そもそも「最低の基準」を満たすことをめざす建築基準法の精神からいうと、これは余分なおせっかいであるとも言える。また、行政手続法の観点からもこうした行政指導は認められないということになる。

一方、都市計画の究極の目的は調和のとれた魅力的なまちとそこでの生活を確保していくことだとするならば、個々の開発行為が周辺と調和し、居住環境を保全し、豊かな都市生活を保障すべきであり、そのような開発を誘導することが都市計画に求められるはずである。ところが、日本の都市計画は、そもそもそのようなことを法律の目的に謳ってはいなかった。

もちろん、一九九四年の環境政策大綱に始まる近年の政策転換によって、河川法や港湾法などの法律の目的にも環境の保全が明記されるようになり、公共事業のあり方は環境重視へ大きく舵を切ったということはできる。しかし、こと民間の開発に関して言うと、財産権の保証の壁は厚く、標準化した集団規定としての隣地斜線や北側斜線、密度規制や土地利用規制を大枠として用意するという域を出ていない。

都市計画の理屈からすると、これらの諸規制が相まって、当該開発地の周辺環境を保障することに寄与しているということになるのであろうが、これでは必要最低限のネガティブチェック的な受動的保障に過ぎず、能動的に周辺環境との調和、居住環境の保全を細かくチェックし、コントロールしようという都市計画としてはまったく不十分である。

ただ、環境の保全に関しては、環境基本法（一九九三年）をはじめとする一連の環境保全の法体系があり、さらには環境影響評価法（一九九七年）による環境アセスメントとこれに先行する地方公共団体による環境影響評価条例によるアセスメントが次第に整備されてきているので、これらを並行させることによって都市計画においても環境の調和や保全を図ることができるという意見もあるだろう。さらに近年では地球温暖化対策としての都市計画がいよいよ実施段階に入りつつある。

しかし、これらの環境法が対象とするのは以前から公害対策に由来するいわゆる典型七公害が中心であり、対象としている事業規模も大きいものに限られており、景観やアメニティに関しても、評価法が確立しているとは言い難い現状である。近年の地球温暖化と関連した環境保全では、二酸化炭素の排出量に着目した計画規制の議論が先行し、ここでいうような居住環境の細かなコントロールとは議論の性格が異なっている。

こうした日本の現状を欧米の都市計画法制と比較してみると違いがよくわかる。

すでに『日本の風景計画』（学芸出版社、二〇〇三年）において指摘したように、欧米先進諸国の都市計画関連法規には周辺環境との調和に関する条文が存在するのである。

たとえば、ドイツでは建設法典の中で再開発を次のように規定している。「現存の地区を保持し、更新し、かつ存続させること、地区の風景及び自然風景の形成の改善を行うこと、記念物保護の要請を考慮すること」（一九八六年建設法典第一三六条四項三、四号）。これは日本の法定市街地再開発事業が土地の新規更新に力点を置いているのと好対照である。また、土地利用計画（Fプラン）とオープンスペースの計画である風景計画（Lプラン）、地区詳細計画（Bプラン）と緑地整備計画（Gプラン）とがそれぞれ整合性を保っていなければならないことが連邦建設法典（一九九八年改正）および連邦自然保護法（一九八七年改正）に明記されている[★3]。

また、フランスでは都市計画全国規則RNUにおいて建築行為が「建築物の立地、建築意匠、規模又は外観が、近隣地の特性又は利益、景勝地、自然又は都市の景観、並びにモニュメンタルな眺望の保全」を損なうおそれがある場合は不許可又は条件付き許可にできることが定められている（法典R111-21条）。

こうした都市計画が欧米諸国で可能だということの背景には、原則的に建築行為が許可制であり、都市内の土地の開発権は基本的に公共側にあるという都市計画の根底的な発想の違いがある。さらにそのうえに、こうした都市計画規制の運用を可能とする十分な数の都市計画専門行政職スタッフの存在や管理運営可能な数の届出数、行政に一定の裁量権を認める透明・公正でかつ民主的な意思決定プロセスの存在、決定に不服な場合の行政不服申立て制度等の各種救済措置の充実などが前提となる。

こうしたことが日本でも可能となるためには、原則的に建築自由であるこの国の都市計画法制の考え方そのものを変えていかなければならないだけでなく、都市計画規制の運用のためのインフラを整えていく必要がある。

疑問その6　都市計画はなぜ農村を対象としないのか

都市が市壁を有して、周辺の農村と截然として区別されてきた欧州や中国などの都市と比較すると、日本の都市は古来、周辺の農地とのへだたりが少なく、都市の縁辺部はそのまま農村的な様相を呈しているのが自然であった。城下町のような計画都市にあっても、いったん戦いになると、多くの場合、周辺の町人地は焼き払われ、敵の攻撃の拠点をなくし、戦いを有利に進めることが計画されていたのであり、その意味で町人地は守るべき都市の範疇には入っていなかった。また、都市の外にもいわゆる町並み地、すなわち都市並に扱われる地域が存在し、一方で、都市内にも農地が広がり、両者の境はさらにわかりにくいものとなっていた。

都市と農村のこうした現実を歴史的にひきずってきたこの国において、都市の政策と農村の政策を、少なくとも空間施策として区分することは本来意味をなさないことであった。むしろ両者を連続的なものとしてとらえ、より広域全体を見据えた施策こそ妥当なはずであった。

しかし、現実にはそうはならなかった。もちろん、都市民と農民とはもともと往々にして利害が対立するものであったため、都市民に対する政策と農民に対する政策とが異なることは少なからずあった。とくに戦後の農地改革、自作農創設とその後の高度成長期における都市・農村の格差拡大という現実の前に、農業政策は都市民との格差是正のための政策となり、農地は農業生産のためである以前に、貸地を含む農家経営の一手段となり、経済政策へと傾斜してしまった。日本の都市空間の政策は不幸にも両者が混ざり合う縁辺部で政策目的がまったく異なった農業政策と都市政策とが隣り合うという不自然なものにならざるを得なかったのである。

周知のように日本の都市計画は、一部の特例的区域を除いて、都市計画区域の中だけを対象とすることになった。そこが国土交通省の所管する区域なのである。その外側には農林水産省の傘のもとになる農地や農村、山林などがあり、さらにその外には環境省が所轄する自然公園の区域がある。農地には農業振興地域整備計画があり、山林には森林施業計画が立てられている。自然公園区域の保護と利用のためには公園計画が用意されている。つまり、日本の国土は外見上はひと繋がりと見えるが、実際は見えない線が確実に引かれており、国の省庁のタテワリが貫徹している。そしてそれぞれの所轄の土地は、それぞれ別の目的のもとに計画が立てられているのである。

それぞれの計画は、計画立案の目標が異なっており、したがって国土の一貫した土地利用が計画されているわけではない。もちろん、これらの計画の上位に広域地方計画やさらには国土形成計画が存在しているることになっているが、これらは計画理念はそれなりに議論されたものではあるにしても、個別の都市計画や農業振興地域整備計画などと有機的に繋がっているものではない。

実際に都市計画区域のフリンジの部分を見てみると、市街化を進めようとしている区域なのか市街化を抑制しようとしている地域なのか判然としないような似通った景観が広がっている。あるところではそれはバラ建ちのスプロールであり、あるところでは計画的な大規模ベッドタウンであり、あるところではロードサイドショップやショッピングセンター、アウトレットモールなどの大規模商業施設である。多くの場合、都市計画区域の内外で見られる景観にそれほどの差異はない。これは線引きを実施している都市における市街化調整区域と市街化区域との間でも同様である。

つまり、それぞれの自立的な計画をもっている区域のフリンジでは、内外で似通った風景が生まれてきているにもかかわらず、いずれの区域に属するかでその計画の目的も運用のプロセスも所轄の組織も大きく異なっており、相互の連絡はまれなのである。

一方で、たとえば商業施設を考えると、都市計画区域内にある都心の商業施設は、農業振興地域整備計画の範疇に入るであろう郊外型の大規模商業施設と競合関係にあることにある。もっとも調整が必要なところであるにもかかわらず、双方の調整は正規の行政計画レベルでは行えない。調整のためには、たとえば中心市街地活性化基本計画など、個別の計画を別個に立てなければならないのである。

そのうえ、こうした都市縁辺部の農地は商業利用のための高値での貸地期待で保有がなされており、適正な農業政策が実現可能とは考え難い。

農地も住宅地も商業地も、人間の活動が行われている場所という意味では同様の立地の論理と圧力のもとに置かれているのであるから、本来ならば、全体を見通した共通の目的をもった単一の行政計画が立案されなければならないはずである。それが行政のタテワリの中で阻まれている。

3　これからの都市計画の望ましいあり方に向けて

以上、現行の都市計画制度に関して、より良い都市空間の生成という視点から六つの素朴な疑問について論じてきた。いずれも右肩上がりの時代の遺物であり、その改革は根底的に都市の見方を変えることから始めなければならない。

このほかにも、公共の福祉の視点を拡大して、絶対的に優勢な土地所有権に何とか今以上の制約を課すことはできないのか、事前確定型かつ無期限の都市計画制限は有効なのか、都市計画事業は今後も継続できるのか、都市計画にはなぜ福祉や高齢化対策、商業活性化の視点に乏しいのか、都市計画審議会はなぜ十分に機能しないのか、などの点においてまだまだ根源的な疑問が残されているが、これらを論じるのはほかの機会に委ねることとし、最後に、では今後、どのような都市計画制度を構想していく必要があるのかに関して、若干の素描を述べたい。

将来の構想はこれから多くの知恵を糾合して練り上げられていくべきものであり、筆者の論はその前段のメモに過ぎない。近代都市計画批判の中間決算であるという本論の性格上、議論を喚起するための簡単な素描であるという点をあらかじめお断りしておく。

地域の魅力をつくり出す都市計画へ

これからの都市計画は、地域それぞれの魅力を作り出すための都市農村計画でなければならない。そのためには都市計画の目的は都市と周辺農村との調和、地区環境の調和、周りの町並みとの調和など、環境調和をめざすものでなければならない。法の目的もそのように記されるべきである。そのためには、都市計画が単に建蔽地の計画になってはならない。オープンスペースの質を高める施策を確実に内部化しておく必要がある。

さらに進んで、地域の魅力を作り出すことは地域固有の歴史や文化を最大限尊重することから出発するものでなければならない。これは建築基準法のように「最低の基準」を定めることによって実現できるものではない。建築基準法は建築物単体の安全性を担保するための指標に特化させ、これに上乗せする魅力の部分は、それぞれの都市のあり方とも絡んでいるので、各地方自治体によって法的に規定される必要があるだろう。

同時に、都市の魅力は新しい都市文化の創造を空間デザインの側面から支えるという意味ももっている。創造性の指標として景観を重視した都市計画が求められるのに加えて、新しい建築デザインや都市デザインの提案を積極的に計画に取り入れていくためのデザイナーの選定や公共施設の発注業務の見直し、すなわちデザインのコンペ制度の導入や競争入札制度の廃止などを推し進める必要がある。

また、都市計画が絵に描いた餅にならないようにするために、予算の柔軟な配分の仕組みが必要になる。このことは同時に、都市それぞれの多様性を認め、地域の個性を引き出すための都市計画を推進することでもある。地方の独立を高め、地方政府による条例の制定や法律を独自に解釈する権利を幅広く認め、他方、法律による義務づけや枠づけを可能な限り減らす必要がある。

これによって標準化を強力に進める慣性力をもった現在の都市計画制度は、地方の責任の範囲で例外を柔軟に認めるようなしなやかさをもった都市計画制度へと変身していくことになるだろう。そのためにも地方の側は足腰を鍛えなければならない。

例外の中にこそ個性が隠されており、それを責任をもって認めるための仕組みづくりが求められている。めざすべきは魅力のある都市なのであって、最低限の都市計画規制を遵守しただけの都市なのではない。だとすると、新たな魅力は新しい試みに宿っている場合も少なくないので、そうした試みを柔軟に受け入れる仕組みも必要になってくる。裁量の余地をもった都市計画は透明な運用プロセスに支えられることによって実現可能である。

また、魅力のある都市には人も経済も情報も引きつけられるので、そうした都市をつくるような都市間競争を前提とした都市づくりが必要である。そのために資する都市計画が求められている。魅力のある都市には定住人口のみならず、事業所も引き寄せられ、観光・交流人口も増えていくことになる。

ストック重視の都市計画へ

これまでもよく言われているように、フロー重視からストック重視へと都市計画の軸足を移す必要がある。これまでの都市計画のあらゆる制度は、フローをコントロールすることによってストックの質を上げようという施策に基づいていた。変化が起きることが前提としてあったからである。建蔽率にしても容積率にしても、あるいは用途地域制にしても、都市マスタープランにしても、景観規制にしても、ものが動かないことには実現不可能な仕組みである。変化を誘引するために種々のインセンティブが用意されたが、そのことがインセンティブを最大限活用するために都市計画を利用するという本末転倒の状況を作り出してしまったということも少なくない。

確かにこれまではこの国の旺盛な経済活動を反映して、建設活動も活発であり、とくに戦後復興の段階で、安普請のものを応急措置的に多量に供給してきたという歴史をもっている。安普請も少しずつ改善されていけば、それなりに質の高いものには近づいていくとも言える。こうしたフローの上積みが建設業を支え、日本の経済を支えてきた。また、日本の文化には変化を許容し、ある場合には推奨するようなところも内在しているという面もある。

しかし、こうしたことが相まって住宅の平均寿命が三〇年に満たないという日本の病んだ現状を形作ってきたのも事実である。誰の目にも明らかなように、フローに依存することは今日の日本ではすでに現実的ではない。フローに頼らなくても暮らせるストック社会を作り上げる必要がある。新しい時代の都市計画はインセンティブの付与によってフローが動くという二〇世紀的な思考から脱却し、既存ストックをベースにしたものになる必要がある。

では、どのようなストック重視社会を構想したらいいのだろうか。

これからは効率性重視というのではなく、時間をかけても質の高いものを都市に付加していくような都市計画の仕組みを作り上げていかなければならない。都市は消費するための商品としての空間であるのではなく、芸術作品としてつくり上げていくものであるべきなのだ。それこそが永続的に都市を生きながらえさせてくれるものでもある。欧州の都市のありようがそのことを示してくれている。

たとえば、日本には中古住宅を数多く流通させるマーケットが成熟していない。国土交通省のデータによると、全住宅の流通における中古住宅のシェアは日本が一三パーセント、アメリカが七八パーセントである。新築市場ではここのところ年間の住宅着工件数は日本が八〇万戸台、アメリカが不況で五〇万戸台なので、いかに日本の中古住宅市場がいびつかがわかる。新築住宅を商品として造り、販売してきた日本では長持ちし過ぎる住宅ではビジネスにならないのである。そのうえ、制度としては高い不動産の流通コスト、比較的低廉な固定資産税に代表される低い保有コスト（その背景には不動産で利得を得ることへの懲罰的な税制がある）がフロー重視を後押ししてきた。

日本に健全な中古住宅市場が形成されれば、周辺環境を魅力的にすることによって自らの資産価値も高まるという意識が定着し、エリアマネジメントは広く一般化することになるだろう。

こうしたストック重視の都市計画へ至るためには、ストックが重視されるような税制が必須である。そのうえでそれぞれの都市がめざすべき目標の姿が具体的な空間像として明示される必要がある。都市計画マスタープランに法的な拘束力を付与して、めざすべき空間像の実現を現実のものとしなければならない。そしてそれに至る道程が、プロジェクトに対する予算措置の点でも、自治体内で自立的に運営できるようなガバナンスの仕組みを構築していく必要がある。目標像が市民や行政の間で共有されるためには、それ相応の適正規模というものがある。あまり巨大過ぎないエリアでこうした作業が完結できるような都市計画区域ごとの自律性が求められる。

同時に、具体的な都市空間像は物理的なデザインをもとに打ち立てられるので、都市計画の中に空間デザインを組み入れることが是非とも必要である。今日の都市計画は、紙の上に描かれた都市計画図が象徴しているように、地図上のゾーニングやそれと関連した容積率の上限の決定など二次元の表現で事足りる規制の域を出ていない。これでは、日本の都市の多くが背景としている周辺の山々や海との関係をビジュアルに表すことはできないだろう。都市空間そのものにしても二次元で構想することはできない。たとえば、街路空間の絵姿を周囲の建物のみならず背後に見える里山とともに描き、そのなかで、大切にすべきものは何か、もしくは変えるべきは何かを明示することが新しい都市計画の姿になるのではないだろうか。

諒解深化のための都市計画へ

これからの都市計画は合意形成のプロセスの中で、関係者間の諒解を深化させていくようなものでなければならない。

都市計画が都市の空間像を示すことであるとすると、そこには厳密な唯一の解というものは存在しないことになる。ちょうど建築デザインを考えると、優劣はあるものの正解というものを想定することはできないのと同様である。そうした世界の中でどうして新しい都市の姿を提起することができるのか。

それは、議論の中でその場所に対する関係者間の諒解を深めることを通して、一定の合意を形成していく以外に道はない。都市計画は都市の空間像を提起することが役目だとすると、そこで提起される空間像はその場所に関わるステークホルダー間の討議の中で次第にあらわになってくるものであるだろう。つまり、透明で民主的な討議が行われ、その結果が地域の合意となるような仕組みを作ること、そして途中での方向転換が可能なように、少数意見に耳を傾ける手続きや対立が顕在化したときの救済措置が充実することが必要である。こうした手続きの充実によって具体的な空間をもとに考える新しい時代の都市計画が生み出されるのである。

言い方を換えると、新しい地域社会、そして新しい市民を生み出すことを後押しするものとして都市計画が機能することが求められているのである。そうしたプロセスにおいていわゆる討議民主主義がこの国においても成熟していくことになるだろう。逆に言うならば、これからの都市計画とは、討議民主主義を成熟させるためのツールとして機能することが重要なのである。

このことは同時に、都市計画の内容に問題があると感じた市民は、計画プロセスで議論に参加するのみならず、いったん計画決定したものに対して、司法の場でも議論できるような仕組み、すなわち計画段階での原告適格を広く認めることも必要となるだろう。

機動的で柔軟な統合的政策としての都市計画へ

これからの都市計画は単なる土地利用規制や建築物規制にとどまらず、かといって従来型の都市計画事業一辺倒でもなく、交通政策や経済政策、農業政策、さらには福祉政策や人口政策と表裏一体のものでなければならない。こうしたことが実現するためには、中央のタテワリを地方で糾合するような地方主権の意思決定システムが必要になる。都市計画におけるタテワリは単に都市行政と農村行政、商工労働行政とのタテワリにとどまらない。都市行政の中でも旧運輸系と旧建設系とでは発想そのものが異なっていることも多い。また、同じ旧建設省系の事業でも、道路や河川、住宅、港湾、都市といったジャンルはそのまま局の名前として今も使われているほどにそれぞれの論理をもって制度が運用されている。さらに、消防や交通、保健衛生行政など、それぞれの分野で別の論理を満たす必要がある。都市の将来像に関する純粋な思いはさまざまなチェックによって当初の意図がわからなくなるほどに姿を変えてしまうことが少なくない。これでは総合的政策としての都市計画とは対極にあると言わざるを得ない。

こうした事態を解消するためには何が必要か。中央のタテワリを乗り越えるのは、地方における柔軟なヨコツナギ以外にはない。つまり、地方行政団体が自らできることは最大限自分たちの判断で行えるようにする、ということである。地方主権の都市計画への転換である。

しかし、これが実現するためには、地方がそれぞれに力をつけて、自らの判断で都市計画を実施していく力をもっていなければならない。都市計画と農村計画とを地方自治の場で統合し、それぞれの都市がじっくり議論して、自らの判断を下していくためには、国法で規定する枠づけや義務づけ、選択肢の提起（たとえば用途地域別の容積率のメニューなど）を極力それぞれの地方で行えるようにすることと同時に、地方公共団体の条例制定権を幅広く認めて、都市農村計画を各自治体が独自の総合的政策として実施できるようにする必要がある。相反する利益を調整して意思決定していくような望ましい地方議会のあり方も俎上にのせる必要がある。

さらに言うと暫定的な土地利用や特例的な建物利用、定期的な計画見直しなどを機動的かつ柔軟に運用できるような裁量の幅をもった都市計画制度が望まれる。

安定期の日本の諸都市の現実に適合した、二一世紀型の都市計画の仕組みの構築は今始まったばかりである。私自身、フィジカル・プランナーでありフィジカル・デザイナーであるという立場から、今後の動きに可能な限り寄与していきたいと思う。

（二〇一一年二月）

註

★1　たとえば、西村幸夫・小出和郎「これからの日本の風景行政への一三の提言」、『日本の風景計画』一九一－一九五頁。

★2　坂本圭司「アメリカの建築条例の起源と都市美」、『都市美』一六六－一八〇頁。

★3　坂本秀之「ドイツ　環境施策と融合した面的規制による都市風景の形成」、『都市の風景計画』一一二－一一八頁。

参考文献

西村幸夫＋町並み研究会編『都市の風景計画』学芸出版社、二〇〇〇年
西村幸夫＋町並み研究会編『日本の風景計画』学芸出版社、二〇〇三年
西村幸夫他編『岩波講座　都市の再生を考える7　公共空間としての都市』岩波書店、二〇〇五年
西村幸夫編『都市美』学芸出版社、二〇〇五年
西村幸夫『西村幸夫風景論ノート』鹿島出版会、二〇〇八年
原田純孝編『日本の都市（Ⅰ・Ⅱ）』東大出版会、二〇〇一年
蓑原敬『地域主権で始まる本当の都市計画・まちづくり』学芸出版社、二〇〇九年

2 都市計画における風景の思想——百景的都市計画試論

1 眺めるものとしての「都市風景」から操作対象としての「都市景観」へ

本章においては、多くの場合自然風景が中心となっている風景、ランドスケープ一般ではなく、都市の風景がどのように意識されてきたのか、さらには都市の風景が操作可能なものとして意識されてきたのか、さらにその先に操作可能性を超えた都市風景の異なった考え方について、そしてその統合の可能性について考えてみたい。

中国には、一二世紀北宋の都の開封《かいほう》を描いた「清明上河図」（図1）に代表されるように都市の風俗や生活を描き出すなかで都市の全体像を描ききろうとした絵画の流れが古くからあることはよく知られている。日本においても洛中洛外図や江戸図屏風に見られるように都市の多様なシーンを一枚の絵柄として構成し、数多く描ききるという都市図屏風は一六世紀前半には出現していたことが知られている。

近年では、江戸の町並みと風俗を描いた「熈代勝覧」（一八〇五年）がドイツで一九九九年に江戸の風景であると再発見され、日本でも大きな話題を呼んだのは記憶に新しい（図2）。西洋においても旅行土産を兼ねたことで知られているヴェネチアを中心としたイタリア一七－一八世紀の都市風景画、ヴェドゥータはよく知られている。都市をシルエットとして遠景で描く都市図の歴史も一五世紀にまでさかのぼることができる。

ただし、ここであげられた都市風景の絵画は、権力者の立場であれ、芸術家の立場であれ、はたまた旅行者の立場であれ、都市を風景として文字通り眺めるという点では共通しているということができる。いずれにしても一種の風景画なのである。そしてそうした視線はすでに一七世紀には世界各地で既知のものとなっていた。

では、都市の風景を観賞するものとしてではなく、何らかの評価や操作を加えるべき対象として見るような視点はどのように生まれたのであろうか。都市計画との関連で「風景」を語ろうとすると、この問題を避けて通ることはできない。

都市計画は西洋で生まれた計画技術であるので、まずは西洋の事情を振り返ることから始める。

図1　「清明上河図」(部分)
出典：『清明上河図－呉子玉精纂本』瀚墨軒出版有限公司、1991年

図2　『熈代勝覧』のうち日本橋のたもとあたりの風景
出典：小澤弘・小林忠『『熈代勝覧』の日本橋』小学館、2006年、pp.74-75

都市の風景を意識化する一つのステップとして、都市風景に関する語がどのように生まれたのかを見ることができる。英語で見ると、オックスフォード・イングリッシュ・ディクショナリーによると、landscapeの類推からcityscapeという語が生み出されて、文献に初出するのが一八五六年、townscapeが一八八〇年。skylineという語が空と大地の境界（一八二四年初出）という意味ではなく、建築物群が作り出す輪郭線という意味で用いられたのは一八九六年であるという。興味深いことに、スペインの建築家イルデフォンソ・セルダがその著書『都市計画の一般理論』（一八六七年）に至る一連の諸著作の中で都市計画への認識を深め、最終的に都市計画（あるいは都市化すること）を意味するurbanizaciónという語を一八六七年の著書において初めて用いたのとほぼ時期が合っている。そして、この語の発生が街路計画に関連していたことは示唆的である。都市空間としての街路が操作の対象と見なされたところにurbanizaciónという語がセルダによって産み出されたのである。これがフランス語のurbanismになり、全世界へ定着していった。

これ以前に都市を操作対象として見る場合は、都市は「美化」されるべきもの、あるいは「保護」されるべきものとしてであった。それがセルダ以降、都市は都市となるべきものとすること、すなわちより良い都市を生み出していくものという側面をもつようになった。より能動的な都市への関与が計られるようになったと言える。ただ、いずれの場合も都市は望ましいものや状態を創出する対象として考えられていたという点では変わりがない。こうして、眺めるだけではない、操作の対象としての建築群、さらには都市そのものが意識されるようになってくる。そして操作を担当していたのは主として建築家であった。

2　二〇世紀初頭における都市計画の出現と都市風景意識の後退

一方で二〇世紀初頭に始まる自動車の大量生産、鉄とコンクリートによる高層建築の出現は都市の高速化・高密化を促し、同時に環境の悪化や交通混雑という都市問題を発生させることになる。これに対処することが都市計画の第一義の任務となってくる。望ましくないものを排除するための手段としての都市計画の登場である。そこで都市計画を主として担当することになるのはインフラを扱う土木エンジニアであった。

つまり、二〇世紀初頭を境にそれまでの望ましい都市の創出からその後の望ましくないものの排除へと都市に対する関与の姿勢は大きく転換したと言える。それは、都市風景でいうならば、街路空間が構成する都市風景の創造から都市機能確保の結果としての都市風景の出現へという変化であった。都市風景はめざしてつくるものであるというよりも、都市を都市たらしめるための努力の結果として表れてくるものであると考えられるようになっていったのである。

別の表現を用いるならば、二〇世紀初頭のこの変化は、建築および建築群への関心から都市インフラへの関心へという都市計画の対象の移行を意味しており、その結果、都市計画の主体は建築家から土木エンジニアへと移行していった。

日本における草創期の都市計画においてもこの変化を見て取ることができる。

最初期の都市計画的試みは、たとえば一八七〇年代半ばに建設された銀座煉瓦街や一八九四年の三菱一号館に始まる丸の内の一丁倫敦の建設(図3)などであるが、これらはいずれも街路空間として都市の風景をとらえており、建築群計画を通して街路風景を西欧風に整えることが当時考えられた都市計画(当時、そのような用語は用いられていなかったが、趣旨は同じである)であった。日本初の建築法規となるはずであった幻の東京建築条例案(一九〇六年)には、「街上ノ体裁」という章が予定されていた。街上ノ体裁とはまさしく街路風景のことであり、街路風景を通して見た都市美の実現こそ、東京建築条例案の一つの目標であった。

しかしながら、一九一九年に成立した都市計画法が主要なツールとしたのは都市施設としての幹線道路

図3　明治42年頃の馬場先通り「一丁倫敦」
出典：『丸の内百年のあゆみ　三菱地所社史　上巻』三菱地所、1993年

や公共施設の計画であり、工業地域・商業地域・住居地域という大枠の土地利用規制による都市機能のコントロールであった。同時に成立した市街地建築物法にしても、都市風景としての美しさの実現よりも、建築物の安全性に主眼を置いた規制となっている。

日本においても都市風景の創造を意識した都市計画はかすんでしまい、都市問題に対処し、都市機能の確保と充実をめざす都市計画が主流となっていく。都市計画は街路空間計画から街路網計画へと、建築群計画から土地利用計画へと転換し、単体建築物の規制と都市計画とは別個のものとして分離された。かろうじて生まれた美観地区制度もほとんど用いられることがなかった。こうした枠組みが日本の都市計画の基本的な構成として近年まで受け継がれてきたのである。

3　都市風景を取り戻す新しい都市計画の試み

このような傾向は日本のみならず、世界的な傾向だった。二〇世紀を通じて都市美の実現といった都市風景的な課題は都市計画の主要なテーマからははずされていったのである。

ところが、一九九〇年前後から世界的に「風景」の復権が動き出してきた。たとえば、イタリアの風景法であるガラッソ法が成立したのが一九八五年、フランスの風景法は一九九三年、ドイツにおいて建設法典が改正され風景計画と建設管理計画との調整が建設法典のもとで規定されるようになったのが一九九八

年。また、国際機関等でも同様に、世界文化遺産の類型の一つとして文化的景観が導入されたのが一九九二年、欧州評議会において欧州風景条約が採択されたのが二〇〇〇年である。また、ユネスコも二〇一一年の総会において歴史的都市風景の保全に関する勧告を採択した。

東アジアにおいても、日本の景観法制定（二〇〇四年）および文化財保護法の改正（二〇〇四年）による文化的景観の導入を皮切りに、台湾の文化資産法が改正され「文化景観」が導入されたのが二〇〇五年、韓国の景観法制定が二〇〇七年、中国の歴史文化名城・名鎮・名村保護条例が施行されたのが二〇〇八年である。こうした動向をどのように読んだらいいのだろうか。

まずは欧州における動きと東アジアにおける動きは分けて考える必要がある。欧州においては、歴史都市や歴史地区の保全問題が都市風景の問題として課題となった一九七〇年代を経て、都市風景を守るための制度化が進み、関心は次第により外延部の都市のフリンジ部や田園風景への関与へと広がっていった。そのときのキーワードが風景ということであったということができる。

これに対して東アジアでは、これまでの都市計画が都市整備中心であり、都市風景に対する関心があまりに乏しかったことへの反省から、都市景観の問題を取り上げようとしたものである。つまり、問題解決型都市計画から魅力創造型都市計画への転換の試みの一つとしてこの傾向をとらえることができる。ただし、都市景観の向上の問題を景観「整備」の問題としてとらえ、ハードな都市整備の延長線上にとらえようとしているようにも見える点、すなわち足し算的な都市計画の延長線上に都市景観「整備」の問題をとらえようとする点はまさしく東アジア的であると言えるだろう。

このように欧州と東アジアでは都市景観に対するアプローチの意識に大きな差がある。両者をひっくるめて議論することはできないが、両者とも「風景」という同じ概念を論じているので、「風景」を対象として議論を深めていくなかで多面的な示唆を得ることができるということもできる。

4 建築物からなる都市計画と、インフラからなる都市計画を結ぶもの

建築物の群としての集合体が街路に沿って建つことによって生まれてくる街路風景をいかにデザインするかという点に腐心する、一九世紀末的な建築家による都市計画と、インフラという大枠から都市を規定し、都市問題を解決するための仕組みを考える、二〇世紀に主流となる土木エンジニアによる都市計画との間には大きな立場の違いがあるが、それは越えられない溝なのだろうか。何かしら共通項はないのだろうか。——これが基本的な問いかけである。

それに対する回答として、両者を繋ぐものとしての建築類型があり得るのではないかと考える。

図4は、シュツットガルトの建築条例（一九三五年）において定められているバウシュタッテン（建築段階）と呼ばれる建築類型の一〇分類である。それぞれの建築類型には、前面道路からのセットバックの有無、隣地境界線へ接して建つか否か、主屋の階数と高さ、背後の付属屋の位置・階数・高さ、主屋と下屋の関係、建蔽率がセットでおのおの別個に定められており、具体的な場所に建てることができる建物の類型が地区詳細計画（Bプラン）によって定められている。ここの敷地には当然ながら一つの建築類型が指定されており、それらが連続することによって、ひと繋がりの街路風景が形成されることになる。そしてそれが街路という都市インフラを支えることになるのである。

図5は、ドイツの都市計画の教科書に載っている地区詳細計画立案のプロセスの途中の図である。画面中央の交差点の両側に描かれた白抜きの3棟の建物が、開発をコントロールすべき場所とそこに建つ建物のボリュームのイメージである。最初に都市全体の構造を俯瞰的に見て、地域レベルの現況を把握し、具体的な街区ごとの状況を調べ、当該街区の周辺建物の形態を把握し、地区詳細計画を定めるべき地区に建つ建築物の形態を想定し、そうした建築物群が立ち上がったときに周辺と調和しているか否かを検討し、その結果をもとに地区詳細計画の具体的な基準を定めるという手順から導かれる地区の空間イメージがわ

かりやすく図示されている。

都市全体から見る視点が具体的に個々の建築物の姿にまで連続的に繋がっているところに特色がある。こうした作業を可能にしているのが、図４のような建築類型の存在である。地域に共有された建築類型が存在しなければ、いかに詳細な地区計画を立案しようとも二次元の計画は二次元にとどまることになる。これを三次元で立ち上げることが可能なのは、立ち上がるべき建物の姿を誰もが共通して思い描けるとい

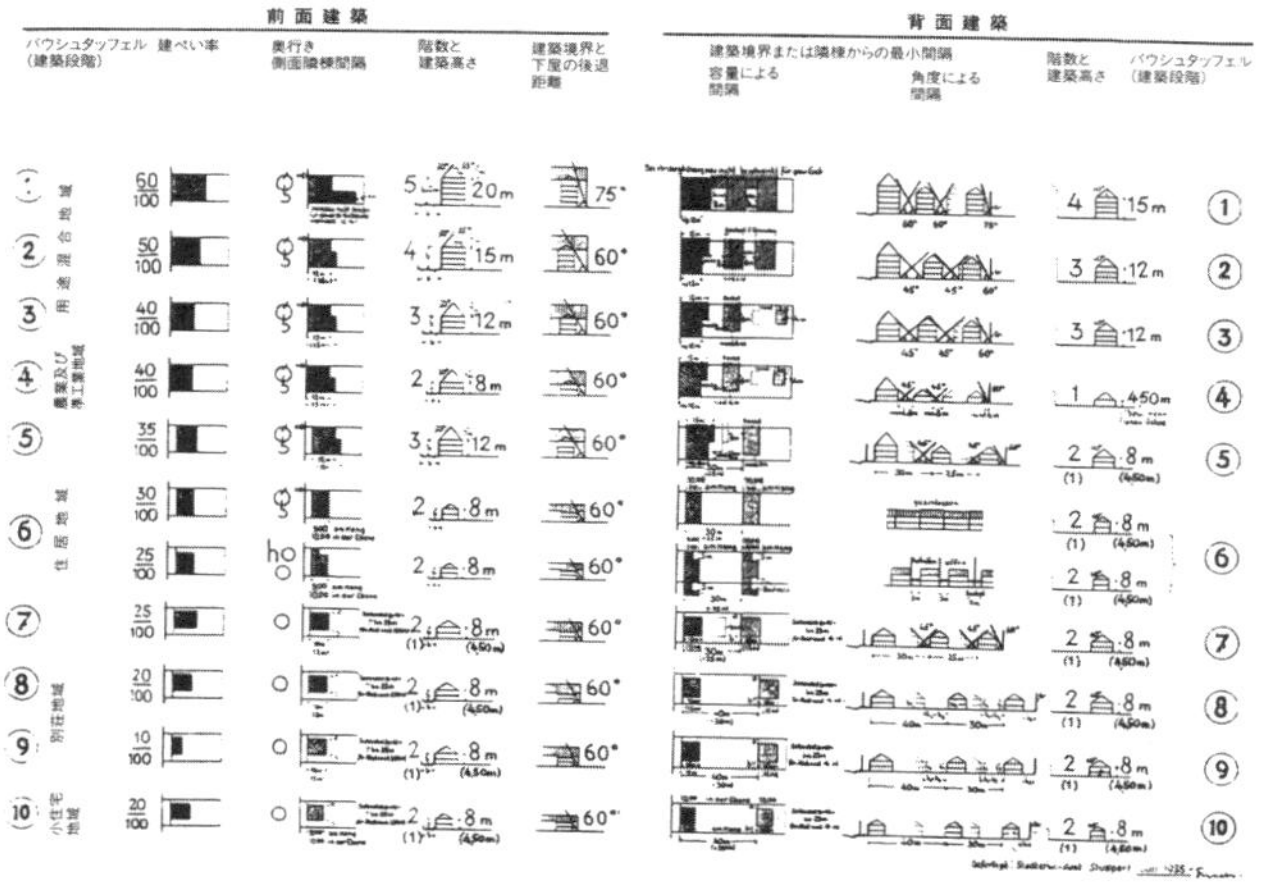

図4　シュツットガルト市建築条例（1935年）に規定されたバウシュタッテン（建築段階）　出典：坂本英之「ドイツ：環境施策と融合した面的規制による都市風景の形成」、西村幸夫他編『都市の風景計画』学芸出版社、2000年、p.126

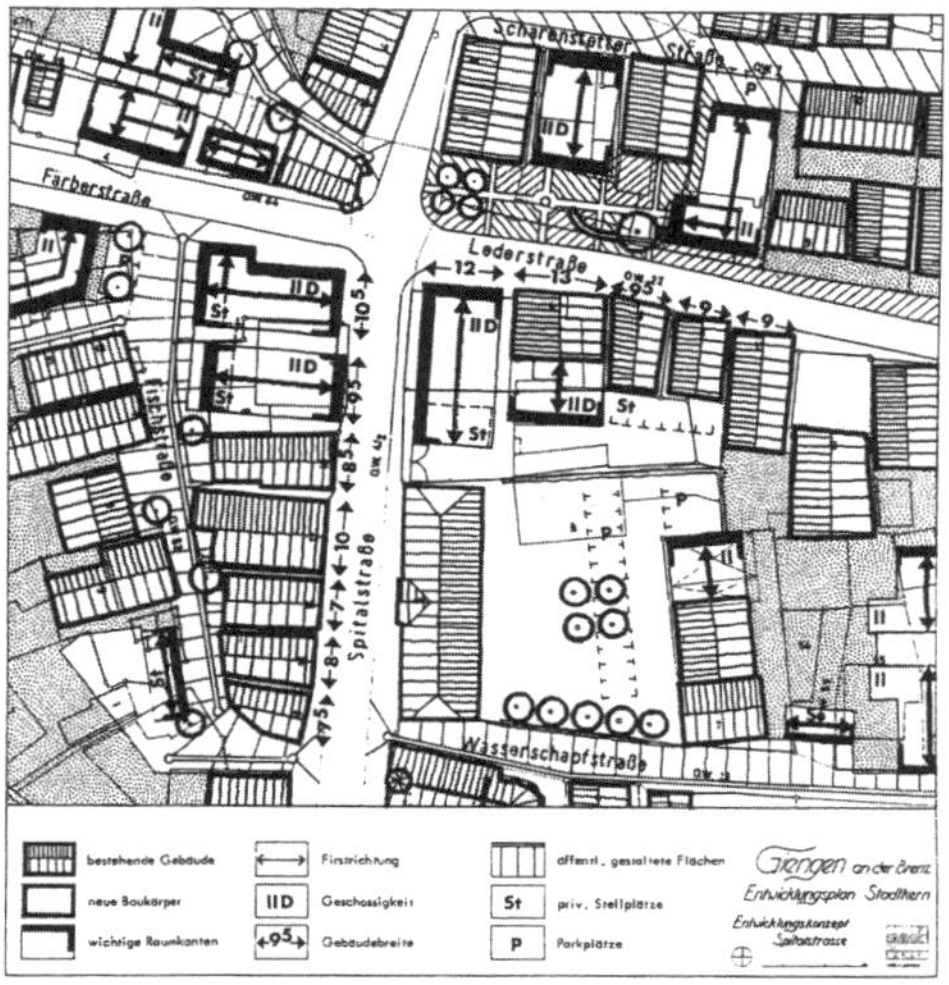

図5　ドイツの都市計画教科書に紹介されている地区詳細計画の作業図面

出典：Albers et al., *Grundriss der Stadtplanung*, 1983, p.404

う建築物に関する共通理解が存在していることが前提となる。これが建築類型である。

建築類型は建物が集合して街路風景を形成する際の手がかりとなり得るだけでなく、街路という都市インフラの構成要素の一つとして都市風景に関与していく際の契機ともなり得る。建築類型から出発することによって、建築単体から帰納的に積み上げる都市計画と都市インフラから演繹的に展開する都市計画とが接合できる契機となり得るのである。

しかし、日本においては、近世の町家以降、都市型の建築類型というものを積極的に作り出すことがなかったという残念な歴史がある。戦後、住宅公団が作り出した住宅団地のアパートや高度成長期以降の庭付き一戸建てといった住宅スタイルなどはそれぞれ固有の建築類型ということができるが、これらはいずれも郊外型の建築類型だったので、都市内の街路景観を作り出すような類型ではなかった。

唯一、同潤会アパートメントが、背後に中庭をもちつつ表側は街路を形成するといった形式の建物配置を産み出し、一つの都市型建築類型となり得たが、惜しむらくはこれが世間に定着することはなかった。

つまり、建築類型から始まる建築単体と都市インフラとの接合というアプローチは、歴史的な町家を手がかりとすることができるような地区はいざ知らず、戦後に再生産されたような一般的な市街地ではなかなかすぐには手が届かない課題であった。最終的な目標としてはあり得るものの、現実的な手がかりからはほど遠いと言わざるを得ない。

今日各地で行われるようになった街並み誘導型の地区計画や高度地区などの指定、景観条例による景観コントロールなどは、現時点ではいくつかの数値基準によるものでしかないが、その先に定着をめざす姿として地区に即した建築類型があり得るということができる。

都市風景を整序するためにこうした数値基準による景観コントロールを導入することに対しては——それが一つの画一的な景観を産み出すことになる、あるいは妥協の産物として最低の数値基準に堕してしまうといった消極論はあるが——前向きにとらえるならば、日本において都市型の建築類型を新たに構築しようという試みの一つのステップであるとも言える。都市風景に関与する都市計画の今後のためにも、都市型建築類型の生成をめぐる動きを期待をもって見守りたい。

5 共有されたイメージとしての都市風景

都市風景を考える方法にはもうひとつ別のアプローチがあり得る。都市風景を操作可能な対象と見なすのではなく、都市に対する共有されたイメージの手がかりとして見る見方である。都市風景はものとして物質的に存在するのではなく、人のこころの中に心象として存在する、というところから出発する考え方である。

たとえば、二〇〇〇年に成立した欧州評議会の欧州風景条約（フローレンス条約＝European Landscape Convention）では、風景を次のように定義している。

> その特徴が自然又は人間的要素の作用及び相互作用の結果として、人びとに知覚されている地域
> an area, as perceived by people, whose character is the result of the action and interaction of natural and /or human factors
>
> （条約第一条部分）

ここで重要なのは、「人びとによって知覚されている（as perceived by people）」という挿入句である。つまり、どのように顕著な風景であれ、人びとが知らなければ風景とは呼べないということである。また、その風景がいかに見劣りするものであっても、人びとがその風景に対して一定の共通認識をもっているとすれば、それは風景と呼べるものなのである。つまり、風景には価値意識は含まれない。人びとのあるエリアに対する合意のかたちとして風景はあるというのだ。そして風景は、「個人および社会の福祉にとって

重要な要素であり、……その保護、管理そして計画はすべての人の権利であり責務である」（条約前文）と述べられている。

風景そのものが重要なのではなく、一つの風景として認識される内実をいかに保障し、その質を高めていくかという合意の中身を厚くすることが重要なのである。同時に、一つの風景として認識する社会共同体の合意のあり方、すなわち合意が成立する枠組みをいかに強化していくかという主体を厚くすることが重要だということになる。裏返して言うならば、そこでは風景は、こうした作業の契機としてあるのであって、風景の保護や創造だけが切り離されて自己目的化することは意味がないということになる。これは都市風景についても同様である。むしろ都市風景についての方が社会格差や経済格差などの問題から、こうした意識はより切実かもしれない。

こうした欧州風景条約の思想は近年さらに敷衍され、欧州評議会は二〇〇五年に社会における文化遺産の価値に関する枠組み条約（Framework Convention on the Value of Cultural Heritage for Society）、通称ファロ条約を採択している。この条約では多様な文化的な価値観を共有するコミュニティを「遺産コミュニティ（heritage community）」と名づけ、そうした遺産コミュニティが文化的な生活を送ることができる権利を認めることが条約の第一の目的となっている。

言ってみれば認識というこころの共同体が、文化的価値を意味づけるのであり、風景の問題もその一部であるということになる。ファロ条約は二〇一一年六月に発効している。

このような考え方を都市計画に引きつけて論じると、都市風景の問題を風景をめぐる地域社会の合意形成の問題として、あるいは合意形成へ向けた社会的な運動としてとらえるということになる。都市風景は操作対象であるのではなく、あるいは都市問題解消の結果でもなく、地域社会の共同意識を構築する手立ての一つとしてあるという考え方である。

考えてみれば、全国に広がってきた景観計画の立案や景観条例の制定をめぐって各地で催されるワークショップやシンポジウム、講演会などはいずれもこうした合意形成の手段であるが、それは景観計画策定などといった目的のための単なる手段であるのではなく、都市風景を考えることは重要なことであるという合意そのものが都市風景を考える際の目的となっていると言える。結果としての風景がどうであっても良いというのではないけれども、都市風景の質よりも、都市風景の問題を自らの地域の問題としてとらえるというものの見方を共有できることの方がまずは重要なのである。

もちろん、質の高い都市風景が身の回りにあれば、こうした問題意識は容易に達成されるだろうから、都市風景の質の問題はないがしろにされるべきではないが、このことは都市風景をめぐる都市計画において合意のあり方が重要であるという主張を否定するものではない。合意形成を軸にした地域アプローチは今日、都市風景のみならず、都市計画一般に見られる潮流である。こころがないところにものが意味をもつことはない、という考え方がその根底にある。

6　賑わいが醸し出すものとしての都市風景

都市風景に対するアプローチとして、操作対象の物的なものからのアプローチ、心象にあるイメージからのアプローチと並んで、第三の道がある。それは、人びとの活動そのものが都市風景をおのずと生み出すという考え方である。言い換えると、都市風景は作り出すものではなく、あるいは認識されるものでもなく、都市活動の結果としておのずと醸し出されるものであるという立場である。

これまで都市計画は都市活動の器としての空間を作ってきたのであるが、逆に都市活動そのものに目を向けることによって、用意すべき器としての都市空間もおのずと定まってくるのではないか、というものの見方である。都市内でのアクティビティをマネジメントすることが重要なのであって、その結果として賑わいや静けさが醸し出す都市風景がおのずと現出してくると考えるのである。

7　百景的都市計画の試み

とりわけアジアの場合、圧倒的な人口密度の高さから都市は人であふれかえっており、そうした人びとのアクティビティ抜きで都市風景を考えることはできない。日本の都市は都心部の衰退がいわれて久しいが、それにしてもたとえば祭礼時の賑わいは都心ならではのものである。日々の商店街の賑わいも、小さな祝祭空間だと見ると理解できることが少なくない。

経済の論理が都市風景の論理と繋がる道がここにはある。中心市街地の再生問題やエリアマネジメントの全体戦略と絡めて都市風景の問題を考えることが必要になってきている。西洋の都市風景論議が、国土全体の低い人口密度を反映してか、人気《ひとけ》があまりないのと比べて、アジアの都市風景論議は大衆によって醸し出された賑わいによることに個性が表れると言える。

一方でかりに人気《ひとけ》がない風景があったとしても、少なくとも日本では、そこには季節感や移りゆく時刻といったものが醸し出す情景があり、そうした情景の価値を感受する共通した感性が前提として存在している。風景を感じる叙情という人間側の視点があるのだ。この点も西洋にはない風景観と言えるだろう。

考えてみれば、日本が生み出したほぼ唯一の都市型建築類型である町家にしても、商家であれ職人家であれ、ミセノマが街路に開かれ、トオリニワと呼ばれる土間が半公共空間として地域に開かれることによって都市的なアクティビティと関わることを前提として成り立っている。そこに町家の特色がある。町家という建築類型そのものが都市におけるアクティビティの存在を前提としているのである。

賑わいや静けさといったひとの活動を軸とした都市風景論の構築は、現在の日本においてはまだまだ未成熟である。したがってこうした思想を都市計画に取り入れるという方法論は今後の課題として残されているといわなければならない。

ここまで都市計画がどのように都市風景を扱ってきたのかについて、もの・こころ・ひとの三つの側面から論じてきた。最後にもう一度、都市計画の根本に戻って議論を締めくくりたい。

都市計画はなんといっても多くの人が住む都市という物的空間を第一義に対象としており、こころの問題もひとの問題も、ものの問題への関与を基本に考えるところから始まるという性格をもった社会的な技術である。とするならば私たちはもう一度、こころの問題とひとの問題も含めて、これらを統合して、ものの問題として、言い換えるならば物理的な場所の問題として語るところから始める必要があるのではないだろうか。物的なものに投影された諸問題の総体としての都市空間、とりわけ街路空間にもう一度目を向ける必要がある。街路空間がもっている場所の力、記憶の力、コミュニティの力を十分に意識しつつ、風景の思想として都市計画は何をもたらすことができるのかを考える必要がある。都市計画の本来的な立場から、もの・こころ・ひとを統合する計画が立てられないものだろうか。

歴史そのものに教科書はないが、歴史上の思想は十分に将来の参考にすることができる。数ある歴史上の思想の中で、風景に関連して、かつ、ものの問題だけでなく、こころの問題やひとの問題までもカバーしているものがあるとしたら参考にしたい。――そしてそうした願いにもっともふさわしい過去の資産として、中国で生まれ日本でも広く定着している八景や、日本固有の浮世絵に描かれた風景をあげることができる。これらの芸術には、もの・こころ・ひとをユニークなかたちで統合した表現を見出すことができるからである。

たとえば、八景という表現は、日本でもっとも有名な近江八景を例にすると、次のような八つの風景が琵琶湖南辺において秀逸なものとして列挙されている。

石山秋月　瀬田夕照
粟津晴嵐　矢橋帰帆

三井晩鐘　唐崎夜雨
堅田落雁　比良暮雪

ここには、瀬田や堅田、矢橋のような具体的な地名だけでなく、暮雪や晴嵐、秋月、落雁、夕照のように具体的な季節と時刻と自然現象とがそれぞれの風景の中で一つになって、見所のある景色として提示されている（図6）。ここでは確かに、もの・こころ・ひとが一体となった情景が表現されているというこ

図6　歌川広重『近江八景』のうち「石山秋月」

図7　歌川広重『名所江戸百景』より「霞かせき」。国土交通省と外務省の間の坂を登り切ったあたりから振り返って海を見たところ

とができる。

一方、各地の名所図絵などに代表される都市風景を描いた浮世絵はそれぞれの都市の光景が都市生活者の生活のひとこまと組み合わされ、さらに季節感などとともに一つの情景として描き出されている。ここでもさまざまな都市の姿をものだけではなく、こころやひとと重ね合わされた情景として表現しているのである。

こうした東アジア固有の風景認識と日本人が生み出した表現法を尊重しながら、ここで描かれている都市風景の切り取り方に学んで、現在の都市計画の中で、都市風景の問題として取り組めないものだろうか。ときとひととを包含した情景を都市風景の基礎として数多く都市内に読み取り可能なものとして織り込み、巧みに布置していくことによって、都市風景を奥行きある意味深いものとすることはできないだろうか。季節感や移ろいゆく時刻の感覚、さらにはひとの営みまでも場所の気配として暗示するような都市風景を各所で数多く析出することを意図した都市計画、そんな都市計画ができないものだろうか。

八景ではあまりに限定的でエリート主義的になってしまう。もっと広い目が欲しい。そこで歌川広重最晩年の傑作、『名所江戸百景』（図7）に着目し、これにあやかってそのような計画のあり方を百景的都市計画と名づけるとすると、百景的都市計画こそ今後めざすべき日本の風景計画の一つのあり方ではないかと考える。多様な風景を都市の随所に布置することを手がかりにまちの姿を構想していくこと――これが百景的都市計画のアプローチである。西欧において一九世紀後半にピクチャレスクの思想が生まれてきたように、二一世紀初頭の日本においては百景的都市計画のうちに、日本固有の都市風景の思想に立脚した風景計画の進む道があるのではないだろうか。

（二〇一二年六月）

3 都市景観マネジメントはどのようにあるべきか

個々の建築物のレベルを上げること

都市空間を分解すると、個々の建築物とそれを取り巻く道路などの公共空間とから成っているということができる。したがって、まずは個々の建築物と公共空間がそれぞれより良いものになっていくことが出発点となる。そのためには何をやるべきか。

まずは当然ながら、力量のある建築家を選ぶことから始める必要がある。建築物単体としてデザインの水準が高く、さらに周辺の環境になじんでいるような建築物の設計がなされなければ始まらない。

そのためには、設計に十分な対価が支払われ、建築設計の仕事が創造的な作業として尊重されていなければならない。建築設計の仕事を競争入札によって、経費の多寡のみによって選ぶということは決してあってはならない。デザインのレベルを提示された経費の金額で比べることはできないのである。

これまでの日本の慣行では、建設の総合請負業のように、建築設計監理の業務とその後の施工の業務とが結びついている場合が少なくない。したがって建築設計はその後の施工の仕事を獲得するためのサービスと考えられてきた面があった。こうした状況は改善されてきたとは言えるが、今後ともさらに設計と施工とを意識して分離していく必要がある。

考えてみるとこれは医薬分業と似ている。医師が処方して、自らが経営する薬局でその薬を出すとすると、いきおい薬の量や価格に歯止めが利かなくなりがちである。薬代を必要最小限にとどめるというインセンティブが働かないからである。これを医薬分業すると、処方は過大となりにくくなり、透明性も増すことになる。

設計者と施工者はある意味、相反する性向をもつ。設計者は個性を強調したいために独特なデザインを施しがちであり、その結果、建築物の施工の手間は増え、経費もかかりがちである。対して施工者はより安全かつ安価で効率的に仕事を進めることに関心が高く、設計者が打ち出す個性的なデザインに必ずしも好意的でない。両者の間には本来的に利害の対立があるのだ。これをどのように克服するかが建設現場に課せられた重要な問いであるが、少なくともこうした緊張関係を良い意味で維持する必要がある。そのためには設計施工の一貫体制は、フットワークが良いといった積極面もあるが、よほど工夫しない限り、問題をはらみやすいという面が否めない。

建築の設計者の選定には工夫が必要である。民間の建築物の場合は施主の意向によって特命で設計者が選ばれることもあってもいいが、そのほか設計競技、いわゆるコンペによって設計者を選ぶのも一案である。建築のデザインを金額ではなく、知恵の内容で比較するのは間違っていない。なかでも、規模の大きな公共建築の場合は、その公共性からいっても、設計者選定は慎重に行う必要がある。中立な第三者機関によるコンペや設計者選定会議などによって案が選ばれることが望ましい。

また、多くの中小事業者にとって、施主として規模の大きな建設事業を実施するのはそれほど頻繁にあることではない。したがって、設計者のアイディアに振り回され、結果的に設計者の作品づくりの資金提供をしてしまっているという例がないわけではない。そのために事業費が必要以上にかさんでしまうという例もある。こうしたことが起きないようにするためには、事業のコーディネータ役の専門家を任命し、建築家の功名心から出るわがままを抑え、しかし正当な創造的行為を進めてもらうように施主との間に立って調整する役割を演じてもらうということも一案である。とくに、多くの主体が関わる大規模なプロジェクトや消費者行動の機微が深く関連する商業系の開発案件などではこのような仕組みがとられることが多いようである。

個性と調和とをどのように調整するのか

ここで問題となるのは、建築物単体としての個性を発揮することと周辺環境の中で調和を保つという一見矛盾する要望をいかにして調整するかということである。建築家は往々にして周辺とは異なった「独創的」で「際立つ」建物を建てたがるものであるし、小さな工務店にしても、戸建て住宅の施主にしても周辺と同じで埋没してしまいかねないような色や様式の住宅はあまり建てたがらないものである。

確かに都市にはモニュメントが必要であることも事実である。エンパイアステートビルやクライスラービルのないニューヨークは想像できないし、エッフェル塔のないパリも想像しにくい。今やグッゲンハイム美術館を欠いたビルバオもないだろう。

しかし、これらは「図」となる少数の例外的な記念碑的建築物であって、大半の建築物は「地」を作るべきものである。ただし、「地」も単一だとは限らない。細かく見ると細かい差異が個性となって光っているのである。

こうした「地」となる建築物を魅力に満ちたものとする方途はいかなるものなのだろうか。

もちろん、まずは建築家と施主の双方が個性と調和をバランスさせるような感性を保持していることが大切である。つまりそのような建築教育および社会教育が行われる必要がある。さらにいうと、こうした常識が通用するようなコミュニティが生き続けていることが重要である。地域社会に責任をもつ必要がないならば、何も調和に心を砕く必要もなくなるからである。

このように一義的には教育の問題があるが、ここでとどまっていたのでは心構えだけを論じる道徳に過ぎなくなってしまう。私たちにはより実際的な手段が必要である。

たとえば、前述した商業施設を中心としたコーディネータ役はその役割を果たすという側面もあるが、より一般的には、公平な第三者による冷静な見立てが必要であろう。つまり、建築物のデザインをマネジメントする仕組みを公的な組織が用意するということである。

では、それは具体的にどのような仕組みだろうか。

ひとつは、あるまとまった地区の建築デザイン全体を特定の個人や組織がチェックするという方法である。マスター・アーキテクト方式と呼ぶことができる。

具体的なプロジェクトが動いている場合には、当該地区全体に責任をもつこうしたマスター・アーキテクトが存在している例は少なくない。ひとりのマスター・アーキテクトのもとにそれぞれ単体の建築物を担当する建築家が組織されることによって、一つひとつの建築物はそれぞれ設計者が異なることによって多様な個性が発揮される一方で、全体の調和に関してはマスター・アーキテクトの眼が光っていることによって保持されていくという仕組みである。たとえば、近年では東京・六本木の東京ミッドタウンや東京臨海部の芝浦アイランドのプロジェクトなどでマスター・アーキテクトもしくはマスター・アーキテクト事務所が複数の建築物の相互調整を図っている。

また、マスター・アーキテクトは個人や個別の設計事務所などであるとは限らない。たとえば幕張ベイタウンの場合は幕張新都心住宅地区計画デザイン会議が、東雲キャナルコートでは東雲デザイン会議が合議体としてその役割を果たしている。

こうした仕組みは、対象となる地区が小規模で、マスター・アーキテクトや合議体としてのデザイン会議の権限がプロジェクト内で完結している場合には有効であると言えるが、対象地区の規模が大きくなると個人や特定の組織の判断だけでは全容がつかみにくくなってしまうという問題がある。また、直接の事業が絡んでいないところでは、どのような権限で他者の私有財産にまで注文をつけることができるのかという基本的な問題が残される。個人や特定の組織の美的感覚だけでは判断できない場合も少なくないだろう。

つまり、こうしたマスター・アーキテクトや合議体としてのデザイン会議の方式は事業が動いている範囲に限定した仕組みとしては有効に機能するであろうが、より広範な地域の各所でランダムに発生する建設行為をおしなべてチェックする態勢としてはやや無理があると言わざるを得ない。

建築群や地区整備のプロジェクトの単位であれば、マスター・アーキテクト方式以外にも、方法は考えられる。たとえば、プロジェクトの進捗を基本構想段階から基本計画段階、設計段階、そして工事監理段階という四つのステージに分け、それぞれのステージにおいて、景観上考慮すべき点や関係者が合意しておくべき点を列挙しておくような手続きをあらかじめ定めておくことによって、全体の景観マネジメントを実行していこうという考えである。日本を代表する都市デザイナーのひとり、加藤源氏はその学位論文

基本構想段階（検討のスケールはおおむね1：5000～1：2500）	
①	地区の位置づけと地区整備の方針
②	機能導入、土地利用構想
③	基盤施設の整備構想
④	宅地造成の考え方主要公益施設の配置構想
⑤	具体化方策
基本計画段階（検討のスケールは1：2500が中心）	
①	基盤施設の計画
②	土地利用計画
③	空間構成、景観形成の基本方針
主要建築物の基本構想	
④	事業化計画
⑤	都市運営・管理計画
⑥	地区計画、協定導入の方針
⑦	都市計画決定、事業計画認可の準備
設計段階（検討のスケールは設計の対象による）	
①	基幹的な事業の具体化に係わる計画のとりまとめ
②	基盤施設の基本設計、実施設計
③	建物の基本計画、基本設計、実施設計
④	ランドスケープ・デザインの基本設計、実施設計
⑤	地区計画、各種協定等の原案づくり
工事監理段階	
上記計画の実現を監理者として責任を持ってチェックすること	

表1　都市の面的整備における計画段階別の景観マネジメント（加藤源氏による）［★1］

を単行本化した著書『都市再生の都市デザイン』(学芸出版社、二〇〇一年)において、こうした四段階における景観マネジメントについて力説している。詳細は著書に譲るが、主として区画整理を中心とした都市整備事業のそれぞれの段階において各主体によって合意しておかなければならない主要検討事項を表1のように整理している点は、マネジメントの全体像を理解するうえで参考になるだろう。それぞれの段階に対して、デザイン調整・監理の作業が独立した仕事として成立し、予算もつくならば、そのような職種も今後育っていくことになるだろう。

下敷きとしての景観計画

第二の仕組みは、判断の根拠となるような公的な計画をあらかじめ定めておくというものである。景観法の中で規定されている景観計画や各自治体が定めている自主条例としての景観条例の中で規定されている景観計画などがその代表的な例である。

景観計画はそれがどのような手続きを経て定められたか、その内容はどの程度詳細か、その法的拘束力はどの程度か、その後の事業者との協議において景観計画はどのように用いられているか、という四つの観点から検討する必要がある。

第一の計画立案手続きについては、計画がいかに民主的につくられているかを問うものである。

景観法に定められたいわゆる法定の景観計画は、「景観計画を定めようとするときは、あらかじめ、公聴会の開催等住民の意見を反映させるために必要な措置を講ずるものとする」(景観法第九条第一項)とされている。ほとんどの法定景観計画の策定においては、パブリックコメントの機会が設けられているほか、計画立案過程において、住民説明会や事業者に対する意見聴取等が実施されている。続いて景観計画を定める際には都市計画審議会の意見を聴くことが義務づけられている(同第二項)。どのような立派な計画であっても地域住民の理解や事業者の協力がなければ実効性を持ち得ないのであるから、こうした計画立案における透明性・民主性の確保、理解の増進は欠かせない。

第二に、景観計画の内容、とくにその詳細さの程度が問題となる。いかに計画立案過程が透明で民主的であったとしても、景観計画そのものが抽象的であったり、大雑把であるとしたら、具体的な力となり得ない。しかし、詳細な景観計画は立案に非常な手間と経費がかかるうえ、地域のその後の変化に対応しきれないといううらみもある。どのような景観計画の姿が適切なのかという問題を考える必要がある。

法定の景観計画は改定のたびにパブリックコメント等の開催が必要となるので、そう頻繁に改定するのは現実的でない。おそらくは、景観計画のもとに地区ごとの詳細なガイドラインが設定されて、それが具体的な事前協議で活用されるという方法が現実的であろう。

筆者らはこうした問題意識から東京都新宿区の法定景観計画立案に際して、地区別の詳細な景観分析を行い、これを景観計画の地区別方針とすると同時に、『新宿区景観まちづくりガイドブック』(全一〇冊、二〇〇八年三月)を刊行し、より良い景観形成のために、区民一人ひとりが地域の景観をどのように理解し、評価すべきなのかに関して、手がかりを提供するための具体的な手引書の作成を行った[★2]。

たとえば、このうち「四谷地区編」では個々のエリア景観の特徴として地形、歴史、みどりが特徴となっているものに分けて、それぞれ景観を感じる、景観を読み解く、景観を集める、景観を守り育てる、という四つの観点から例示しながら解説している。新宿御苑の北隣の内藤新宿エリアでは、歴史を軸に地区の構造を読解する視点を提供しているほか、新宿御苑東隣の内藤町のエリアでは、「みどり」を軸に地区を分析する方法を提起している(図1)。

また、これら一〇冊の景観まちづくりガイドブックの成果をもとにして、新宿区は二〇〇九年四月、『新宿区景観まちづくり計画/新宿区景観形成ガイドライン』を刊行し、景観計画とこれによる事前協議

1-9　内藤新宿エリア

江戸時代には、宿場町「内藤新宿」が立地していました。現在は新宿通りを中心に業務・商業・居住機能が混在しています。戦後に、戦災復興区画整理事業が実施されたため、整った道路基盤となっています。新宿駅に近い西側は商業施設が多く、賑わいあふれるまちなみに、また、四谷方面の東側は住宅が多く、落ち着いたまちなみとなっています。

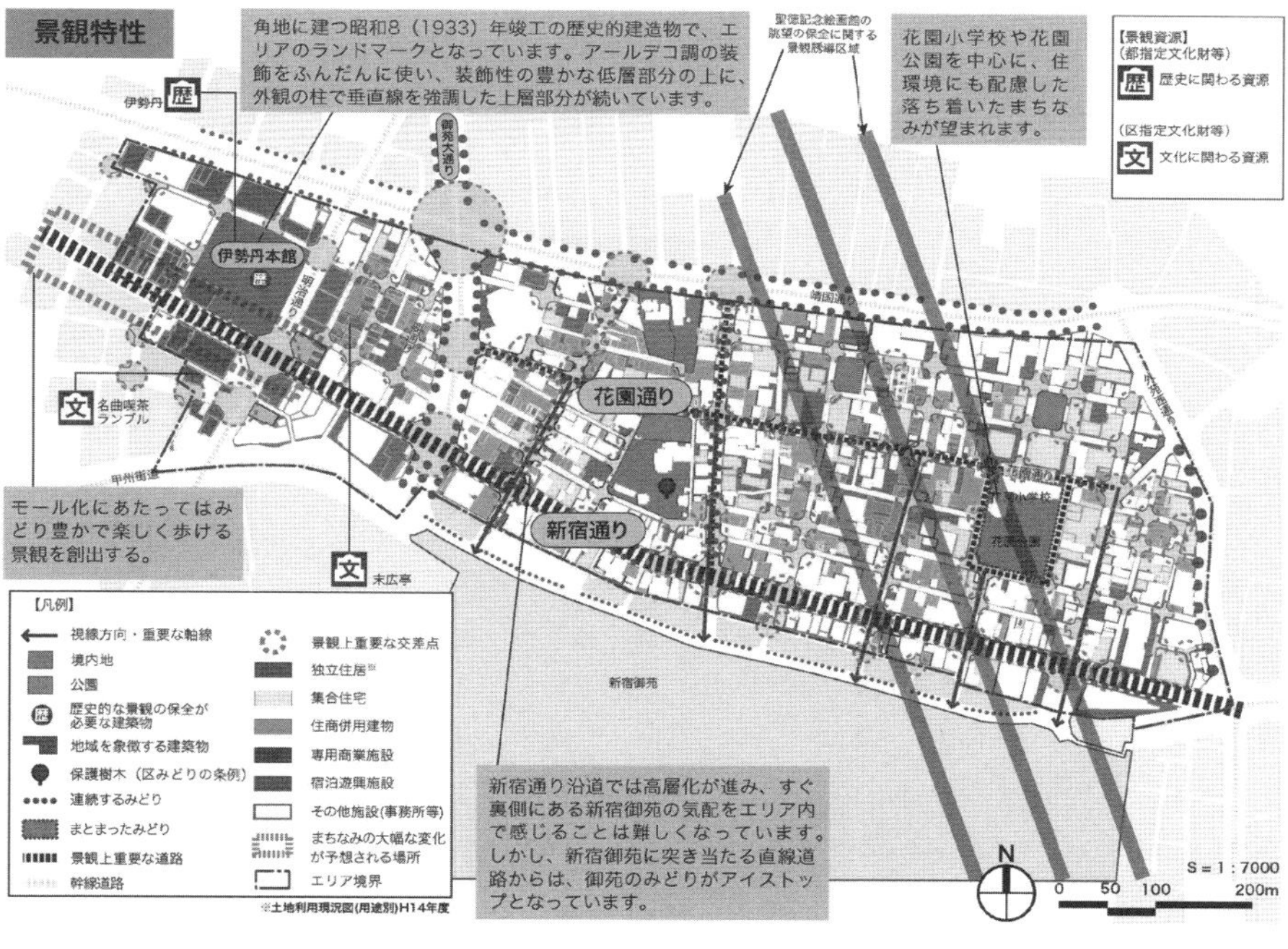

図1　新宿区四谷地区の景観構造分析より、歴史が特徴となっている内藤新宿の項
出典：『新宿区景観まちづくり計画／新宿区景観形成ガイドライン』(新宿区、2009年)

を景観法のもとでの手続きとして法定化した。

第三に、こうした景観計画がどのような法的拘束力を持ち得るのかが問題となる。景観法を根拠とする景観条例には、周知のように、景観地区における建築デザインの強制力をもったコントロールや景観計画区域における同じく建築デザインの変更命令の手続きなど、法的な拘束力をもった既成の仕組みが導入された。

ただし、こうした強制力を発揮するためには、たとえば、高さの上限やマンセル値による色彩の規制のように、自他共に認める明確な数値基準が必要となるのが通例である。周辺の景観との調和などといった主観的な表現では、どこまでが調和しており、どこからは不調和だと言えるのかといった閾値を割り出すことはほとんど不可能である。

景観計画自体、詳細な数値基準で埋め尽くすような性格のものではなく、地域景観のとらえ方や考え方を大枠として提示するものであるので、景観計画の記述を根拠として具体的な建設計画に介入するのには限界があると言わざるを得ない。

では、景観計画はほとんど無力であるかというとそうでもないといえよう。とくに景観計画に合致している事業計画であるか否かを判断する組織とそこでの議論のあり方、世論を含む合意形成のあり方にかかる問題があるのだ。この点に関しては、後述したい。

そして最後の第四番目に、作られた景観計画がどのように用いられるのかという問題がある。先に例示した新宿区の『景観まちづくりガイドブック』は、景観を基盤としたまちづくりのための区民の参考に供するだけではなく、開発計画の事前協議の際の区の景観アドバイザーとの議論の土台として利用されることもねらっている。

事前協議と公開審査

明確な数値基準がないと結局は建築物の意匠・形態の規制はできないのだろうか。そうだとすると、じつに堅くて融通の利かない規制に陥ってしまう危険性が高いのではないだろうか。それ以外の柔軟なみち、裁量の幅のあるようなコントロールが結果としてできるような仕組みがあるのだろうか。あるとすればこれこそ都市景観マネジメントの実践だと胸を張って言えることができるのだが——。

こうした懸念に対処するための仕組みとして、事前協議と公開審査がある。

事前協議とは文字通り、開発行為や建設行為のための手続きを始めるにあたって、開発要件や各種規制などに関して事前に行政窓口と協議を行うもので、条例や要項にその根拠をもつものとそうでない任意のものとがある。ここで扱うのは、主として法委任の景観条例に定められている事前協議で、正式な届け出の前さばきとして定められている手続きのことである。

事前協議は各種規制に関する条件整理や事業の公共貢献をその際どのようにカウントするかなどを事業者と行政担当者とが膝を突き合わせて協議する場であり、拘束力のある指示を発出する場ではないが、ここでいかに柔軟なやりとりができるかは都市景観マネジメントにおいては重要な意味をもってくる。事業の許認可が絡む場合は、大きな力をもつことになる。

したがって、この事前協議の場に建築家や都市計画家などの専門家が中立的な立場で関与することは重要である。さもなければ、頻繁に異動を伴う行政職の担当者がブラックボックスの中で開発のプロと立ち向かわなければならなくなり、正当な協議が実施される保証は少ないことになる。

では、どのようなかたちで専門家が関与すればいいのか。

欧米先進国でもっともよく見られる例は、行政担当者そのものが資格をもった専門家だという場合である。建築のプロジェクトを協議するには行政担当者も資格をもった建築家であるといったことである。市立病院の医師が公務員であるように、建築や都市計画を担当する公務員は資格をもった建築家や都市計画家であるということなのだ。

そして市立病院の医師が行政の別の職に就くことがあり得ないように、資格をもった専門家である建築家や都市計画家は別の部署にいくことはないというのが通常の欧米の自治体での人事である。昇進はより条件の良い別の自治体の同様のポジションに公募で移るか、民間の設計事務所などに移ることによって行われることになる。つまり、行政職の人事が職ごとに実施されるのである。これを日本で実現するためには、公務員の人事制度を抜本的に変えなければならないことになる。

こうした方法は今の日本ではあまりに現実から遠い。そこで考えられるのが、嘱託や景観アドバイザーのようなかたちで建築家などの専門家を行政側に組み入れて、事前協議を実質的なものにするという仕組みである。こうした仕組みはすでに多くの自治体において取り入れられている。

景観アドバイザー自体も、事前協議の場に直接顔を出し、協議の前面に出るタイプのほか、事前協議には直接出席せず、協議に出席する行政担当者を背後からアドバイスするタイプ、何か重要な案件にのみ相談に乗るタイプなどいくつかのスタイルが現に存在している。

地元のことに精通し、かつ建築の実務にも詳しい専門家をいかにリクルートできるかということが鍵となる。つまり人材の有無によって、協議の成果が左右されてしまうという危うさがつきまとっている点が問題となるだろう。

ただし、こうした仕組みは民間事業に対してはある程度有効ではあるが、自治体自身が行う公共事業や他の行政組織の事業に対してはうまく機能しないことが多い。とりわけ、規模の大きな公共事業にあたっては、別の仕組みで対応する必要があるだろう。ここで参考となるのがイギリスで一九九〇年より実施されている全国的な公益団体である建築都市環境委員会（ＣＡＢＥ）［★3］によるデザイン審査の事前協議である。

ＣＡＢＥは年間三〇〇件にのぼる建築物のデザインに関して、評価し助言を与える政府系の非営利組織で、一六人のコミッショナーと呼ばれる専門家を中心として約一〇〇人のスタッフ、三五〇人ほどの支援メンバーから成る組織である。建築と都市計画の質の向上のために自治体などにアドバイスを行うことが中心的な仕事である。まさしく都市景観マネジメントを全国的に引き受ける組織がイギリスにはあるのだ。ＣＡＢＥによるデザイン審査は官民いずれのプロジェクトも対象となるが、日本では有効なデザインチェック機構が存在しない公共事業に対してとりわけ有効だろう。

一方、アメリカにおける建築物のデザイン審査の際の公開審査とは、景観条例によって位置づけられている公的な景観審議会などの組織が届け出のあった建設事業案件等を公開の場で審議するものである。アメリカではこれをパブリック・ヒアリングと呼んでいる。公聴会とも訳されるが、実質的には専門家からなる公的な審査会による公開の審査である。とくに建築物のデザイン審査はアメリカの多くの自治体で実施されており、その成果はすでにさまざまなかたちで公になっている[★4]。

なお、アメリカでの公開審査、パブリック・ヒアリングは、イギリスで実施されているパブリック・インクワイアリー、いわゆる公聴会とは別の手続きである。

現在日本で実施されている公開審査は確かに透明で民主的な手続きではあるが、問題が少なくない。

第一に、こうした景観審議会での意見がどの程度の拘束力を有し、具体的な計画にどの程度反映可能なのかという点である。現行の景観条例では、それがいかに景観法に準拠したものであろうとも、景観審議会は行政に対する諮問機関に過ぎず、個々の届け出案件に対しても最終的に可否を判断する自治体に対して助言をするにとどまっている。

この点に関しては、いかに公開のかたちで突っ込んだ議論ができるかにかかっている部分がある。建築や都市計画の専門家同士の議論であるからには、説明のつかない計画やデザインは大方の共感を得ることはできないだろう。それが白日の下にさらされるとすると、それは専門家にとっては法的拘束力や権限を持ち出す以前に大きな痛手となることは間違いない。

また、景観審議会にかかる案件が都市計画決定を伴うような事案である場合には、都市計画審議会での審議と連動させるなどの工夫の余地がある。たとえば、都市計画審議会から景観審議会へ当該案件が景観上問題がないか否かを判定するよう意見を聴取するために、案件が回送されるような手続きを仕組むことによって、影響力を確保するということも考えられる。東京都文京区内に残る貴重な震災復興公園である元町公園が都市計画公園としての都市計画決定をはずされるという問題が起きたとき、こうした慎重な手続きがとられ、最終的に元町公園が保存されたのは、その好例である。

千代田区景観まちづくり審議会（2005年7月）でのいわゆる公開審査の様子

さらに言うと、用途地域や容積率の設定や変更などの基本的な都市計画を定めるときに、景観審議会が景観上の観点から決定に関与するような仕組みが設定されることが望ましい。とりわけ容積率の設定は、都市のスカイラインを決定づける景観上の配慮も必要なものであると言えるのに、現在のところそのような配慮がまったくなされていないのが現状である。都市景観マネジメントの観点から、このような現状を放置しておくことは許されないと言える。

第二に、かりに審議会が発言力をもったとしても、そもそも建築のデザインの判断を審議会が可能なのか、という問題がある。法定の景観計画があっても、それは地区の景観のコンテクストを読むためには意味があるだろうが、個々の具体的な敷地における建築デザインに直接の指針を与えるものではない。

これは審議会委員の個人的な技量や能力の問題ではなく、審議会の運営のやり方の問題だと思う。たとえば、審議の内容があらかじめ公開されており、案件に対して世論が鋭い反応を示しているとすると、世論の雰囲気はおのずと公開の場で開かれる審議会の議論に反映されてくるであろう。多くの意見書や提言書が出てくるような案件を衆目の面前でまったく無視して議論しないようなことはほとんど不可能であるからだ。むしろ適切な意見表明をせず、沈黙を守っているような委員は次の任期には再任されないようなチェック機構が働くことを期待したい。

つまり、世論が透明な審議の中での公平な判断を要請するのである。

さらに言うならば、審議会の傍聴が認められるのみならず（これすらも一〇年くらい前までは日本では例外的であった。公開すると審議委員の自由な発言ができなくなるというのがそのおもな理由であった）、審議会において傍聴者が発言できるような制度が整えられていくことが望ましい。税金を使って運営され、行政担当者のみならず第三者が加わる審議組織で発言を認められるのは納税者の権利であるはずだ。

もちろん、発言に党派による偏向がないことや発言時間の制約など、工夫が必要であることは事実であるが、公開されるいずれの審議会においても傍聴者の発言が原則として認められるような議事運営をめざしたいものである。

ちなみに筆者は長年、千代田区景観まちづくり審議会の会長を務めているが、この審議会では傍聴者は発言要旨のメモを提出し、会長が認めた場合には短時間の発言が認められているという仕組みを取り入れている。すでにこうした運用を始めて一〇年前後が経過しているが、今までに議事が混乱したことは一度もない。傍聴者も貴重な発言の機会を大切に考えてくれているようである。

第三に、審議会の事務的な問題点として、委員の人選が事務局の行政担当部局の意向に左右されること、会議の開催が予算の制約を受けることなどがあげられる。人選に関しては、学会や各種公益団体が複数の委員候補を推薦し、その中から事務局が選択するといった工夫をすることによって事務局の過度な関与を回避することも可能なはずである。

戸建て住宅など小規模建築物の考え方

ここまでの議論は主として規模の大きな建築物が中心の話である。一般的な戸建て住宅などは景観審議会での議論の対象にはならないうえに、伝統構法や在来構法、もしくはプレファブメーカーの住宅などが対象であり、独立した建築家が関与するわけではないので、建築家の教育の問題ともなじまない。しかし、こうした通常の住宅や小規模のオフィスビルなどの建築物が一般的な都市景観の多数を占めており、このセクターを無視しては都市景観のマネジメントは意味のないものになりかねない。それではこうした小規模建築物に対して何が可能なのか。

小規模なオフィスビルなどの商業業務系の建築物に関しては、その規模によらず、先述した景観計画やそのもとでのガイドラインが有効なはずである。なぜなら、これらの建築物は基本的に地域のアクティビティに依存して計画されているからである。問題は、それがどのような仕組みの中でチェックされるのかが見えにくい点である。

おそらくは現行の制度のもとでは自己チェックを推奨する以外に手立てはないだろう。抜本的な改善は期待薄である。とりわけ建築確認の制度自体が障害となっている。単体としての建築確認の制度とは別に並列して、集団規定に当たる部分を建築許可制度として組み立てることがおそらく唯一の抜本的な（しかし遠い将来の）解決策であろう。景観法によって導入された景観地区のデザインの自治体の長による認可制度を大きな契機として、欧米先進諸国で当然のこととして実施されている建築の許可制度を、この国においても定着させていかなければならないのである。

一方、戸建ての住宅に関しては、地域の文脈をどのように建物のデザインとして引き継ぐのかという点に関して、個別の試みを蓄積していく必要があるだろう。たとえば、個々の住宅が単純に商品としてのみ考えられている限りは、景観のマネジメントが順調に進むとは思えない。戸建て住宅が自動車のような商品であるということになれば、他人が所有している他の商品とは異なった独自性を出すことが、第一の行動基準にならざるを得ない。単体としての商品を扱っている限り、都市景観としての調和は、よほどの名所地でもない限り、優先順位のはなはだ低い課題でしかあり得ない。

個々の住宅を商品としてみるのではなく、地域のストックとしてみるような視点を消費者や生産者がいかに持ち得るのか、そのための条件整備はどのようにあるべきか、ということが重要になる。

住宅は確かに商品であるという側面をぬぐうことはできないにしても、一つひとつ他とは異なった土地に建つ一品生産的な色彩が濃い商品である。住宅の供給者も地域との結びつきなくしては生き抜くことが困難な業種である。つまり住宅の作り手も買い手も地域の固有性からは逃れられないのである。

住宅という商品を通して地域の景観や環境に貢献し、さらにそのことが自らの資産価値や事業所としての信頼としてはねかえってくるという意味で、住宅はストックであり、同時に特殊な社会的な意義をもった商品なのである。

こうしたことが商品としての住宅の売り買いにあたって常に認識されるような仕掛けが考えられないものだろうか。それはあるいは地域貢献をしている住宅の顕彰制度であるかもしれないし、あるいは不動産鑑定の方法に地域景観や地域環境をカウントする新たな方式を提案することかもしれない。環境や景観に負荷をかけるような住宅に対する負担金の仕組みであってもよい。風土にあった住宅デザインの推奨施策もおもしろい。もしくはこれらの総体が小規模な住宅建築を通した都市景観マネジメントの姿となっていくのかもしれない。こうしたことを推進するための地域ぐるみの運動を工務店や設計士などが手を組んで進めていくことが必要である。

公共空間のレベルを上げること

ここまで単体の建築物の対して種々のコントロールを加えることによって都市の景観をマネジメントしていく方策を考察してきた。もうひとつの大きな課題として、道路や河川など、一般的に公共空間と呼ばれる部分のそれぞれのパーツの景観上の質をどのように上げていくかという課題が残されている。

すでに紙数が尽きたので、この点に関しては改めて別の機会に述べたいが、ひとつ指摘するならば、二〇〇三年の美しい国づくり政策大綱において公共の「事業における景観形成の原則化」および「公共事業における景観アセスメント（景観評価）システムの確立」、「分野ごとの景観形成ガイドラインの策定等」が大きな柱として謳われて以来、徐々にではあるが体制の整備は進められてきたということはできる。その成果は国土交通省の景観ポータルサイトに詳しく取り上げられている[★5]。とりわけ景観形成ガイドラインは各分野での考え方や事例が出そろい、河川や道路のデザインに関しては、充実した出版物にまでなっている［★6］。

ただし、多くの景観ガイドラインの記述は計画立案の原則論の記述と推奨事例の紹介との二部構成であり、優良ではあるが、いささか原則論的な作文という印象はぬぐえない。また多くの公共事業の場合のように、途中まで進んでいるものをどのように方向転換していくのかという現実的な対応にまで手が及んでいないのが実情である。今後のさらなる進展を期待したい。

また、個々の公共事業のデザイン上のチェックを行う仕組みとして、先述したＣＡＢＥのような組織や透明なデザイン・レビューのような手続きが定着することが望まれる。そして何よりも公共事業の細部をつめるデザイナーが自立していけるような発注システムや監査システムが構築される必要がある。

おわりに

二〇〇三年の美しい国づくり政策大綱以降、都市景観マネジメントに関わる諸制度は格段に整備されてきた。コントロール手法に関しては、二〇〇四年の景観法によって規制の法的根拠が明確化され、その後の景観計画の広がりによって、景観の考え方は急速に各地に進展していきつつある。景観はもはや主観の問題ではなくなり、切実な行政課題となった。

一方、都市景観マネジメントを推進するためには支援措置が欠かせないが、二〇〇八年に成立した地域における歴史的風致の維持及び向上に関する法律、いわゆる歴史まちづくり法によって、各種の支援メニューが、少なくとも歴史的環境保全の面では、出そろってきた感がある。

国土交通省の研究会においても、建築物が織りなす景観を良好なものにするためのデザイン調整の仕組みを提案した提言書［★7］や良好な景観がどのような経済的価値を生み出すのかに関する検討報告書［★8］などが進められている。美しい都市景観を生み出すための方策をとりまとめた書籍の刊行も相次いでいる［★9］。

都市景観のマネジメントという視点は今まさに日本の国土に根をおろしつつあると言える。今後ともこのテーマを注視していく必要がある。

註

★1　加藤源『都市再生の都市デザイン――プロセスと実現手法』（学芸出版社、二〇〇一年）、六四－八〇頁。

★2　『新宿区景観まちづくりガイドブック』（全一〇冊）は、区の出先機関単位に一〇地区に分けて景観まちづくりのための考え方をまとめた冊子で、作成には東大都市工学科のほか、早稲田大学建築学科、工学院大学建築都市デザイン学科の研究室が参加した。発行は新宿区都市計画部地区計画課（当時）。

★3 Commission for Architecture and the Built Environment の略。文化省の管轄下にあるいわゆる独立行政法人、ロンドンに本部がある。［付記 二〇一一年四月デザインカウンシルに吸収され、解散。CABEの活動に関しては、坂井文、小出和郎編著『英国CABEと建築デザイン・都市景観』（鹿島出版会、二〇一四年）が詳しい。］

★4 たとえば、やや古いがすでに一九九〇年代から、Scheer, B.C. & Preiser, W.F.E. eds., *Design Review, Challenging Urban Aesthetic Control*, Chapman & Hall, 1994 やこうした状況を外部から考察した Punter, J., *Design Guidelines in American Cities, A Review of Design Policies and Guidance in Five West Coast Cities*, Liverpool Univ. Press, 1999 などがある。

★5 国土交通省の景観ポータルサイトが充実している。

★6 たとえば、道路環境研究所編著『道路のデザイン——道路デザイン指針（案）とその解説』（大成出版社、二〇〇五年）、「河川景観の形成と保全の考え方」検討委員会編著『河川景観デザイン——「河川景観の形成と保全の考え方」の解説と実践』（リバーフロント整備センター、二〇〇八年）など。

★7 国土交通省住宅局市街地建築課を事務局として設置された良好な景観形成のための建築のあり方検討委員会（委員長：山本理顕氏）の提言書「建築と地域社会——建築等を通じた地域社会の良好な景観形成に向けた提言」（二〇〇八年六月）。

★8 たとえば、国土交通省都市・地域整備局都市計画課のもとに設置された景観形成効果に関する景観価値分析・評価手法検討委員会（委員長：浅見泰司氏）の報告書「景観形成の経済的価値分析に関する検討報告書」（二〇〇七年六月）など。

★9 たとえば、建築とまちなみ景観編集委員会編『建築とまちなみ景観』（ぎょうせい、二〇〇五年）、土田旭＋都市景観研究会編著『日本の街を美しくする——法制度・技術・職能を問い直す』（学芸出版社、二〇〇六年）、日本建築学会編著『景観法活用ガイド』（ぎょうせい、二〇〇八年）など。

（二〇〇九年七月）

4　身体感覚からの近代都市計画批判――路地を再評価する

近代の都市計画においては否定されがちであった「路地」。だが、今各方面で再評価が進みつつある。「路地」は近代都市計画に対し、どのような問題を提起しているのか。「路地」の魅力とは何か、それを活かすための方策とは――。

1　路地サミットと全国路地のまち連絡協議会

二〇〇三年一一月一五日、東京都北区十条で第一回路地サミットが開催された。路地の魅力や課題を議論し合い、路地を活かしたまちづくりの知恵を共有するためのフォーラムとして、NPO法人日本都市計画家協会が中心となって、十条をはじめ、東京の神楽坂、谷中、向島・京島、京都、大阪の空堀の路地のまちからメンバーが集まって議論が行われた。サミットの開催趣意書は次のような文章で始まっている。

「ほとんどが狭く曲がった道ばかりであったわが国は、近代化やモータリゼーションに伴って、新たに広い道を造り、狭い道を広げてきました。確かにそのお陰で便利になり、また火災の延焼を防ぐことができたり、さまざまな恩恵を被っています。しかし、一方で道から子供は追放され、道をはさんで育まれてきたコミュニティはどこかにいってしまいました。

実際街なかを歩いて見ると、風情があったり、ほっと気が休まったり、飲み歩きたくなったりする道の多くは路地であることに気がつきます。ここに何か日本人の原風景とでもいうような何か価値のある空間があるのではないか、という思いにとらわれます。

利便性や効率性もさることながら、都市が魅力をもち、また楽しく安心して住めるためには、このよう

東京の新宿区神楽坂の路地

な路地をもっと大切にする必要があるのではないか、ということがこの催しを行う理由です」[★1]。

翌年の二〇〇四年八月二八日には、大阪市の空堀で第二回の全国路地サミットが開かれている。同サミット後に、全国路地のまち連絡協議会[★2]が設立された。その後、全国路地サミットは東京の新宿区神楽坂（第三回、二〇〇五年一〇月八日）、長野県諏訪市（第四回、二〇〇六年一〇月八日）、静岡県新居町（第五回、二〇〇七年一〇月二七日）と毎年一回のペースでの開催が続き、二〇〇八年は一〇月に長野市善光寺表参道および松代において、また二〇〇九年は神戸にて開催予定である。

この活動の中から、『路地からのまちづくり』（西村幸夫編著、学芸出版社、二〇〇六年）という単行本も生み出されている。この本は筆者の編著のかたちをとっているが、実際は全国路地サミットの主力メンバーである司波寛、山下馨、今井晴彦、寺田弘の各氏が編集幹事に加わって合議の中で編まれたものである。

『路地からのまちづくり』には、総論および制度論のほか、神楽坂・谷中・向島・十条・祇園南・空堀・法善寺横丁・飯田・諏訪・大浜（愛知県碧南市）・尾道の事例が当事者によって紹介されている。

ひとくちに路地と言っても、出自や機能は多彩であり、各地で個性あふれる路地が残されていること、そしてそれらを活かしてまちづくりを進めていこうという努力も全国で多様に展開していることが各地の当事者の筆によって活写されているのである。これも路地サミットが作り出したネットワークの成果である。

ひとりの都市計画家のアイディア［★3］から生まれた全国路地サミットは、このように、当初メンバーの枠を越えて、徐々にではあるが全国に仲間を広げつつある。どこからも継続的な補助金をもらうこともなく、自主的な活動として全国路地サミットがなぜ、支持されてきたのか。

それは第一回のサミット開催趣旨にもあるように、人びとは何かしら路地に魅力を感じているからである。全国各地で路地を活かしたまちづくりの試みが芽生えつつある［★4］。近代的都市計画がいかに路地を否定したとしても、「日本人の原風景」（第一回路地サミット開催趣意書）への郷愁はおさまらない。そしてそのことは逆に近代的都市計画に対する疑問として頭をもたげてくるのである。

2 問題提起としての路地

都市計画道路や土地区画整理事業に代表されるように、近代の都市計画は一貫して広幅員で直線的な道路（都市内の道路を街路と呼ぶ場合もあるがここでは全体をまとめて道路と呼ぶことにする）の整備を最優先課題のひとつとして取り組んできた。

自動車を中心とした都市内交通をスムースに流れさせること、緊急車両の通行が確保されること、防災上の機能を果たすことが道路の主たる役目であり、そのためには十分な幅員が確保されなければならない。この論理のもとでは、狭隘道路である路地は否定すべき前近代の遺物にほかならないのである。

この一見当然と言える論理も、しかしながら、見方を変えるととたんに足もとがあやしくなってくる。たとえば、道路は通行するだけでなく、そこに住む人びとにとって生活の舞台であり、子供たちにとっては遊びの場ともなり得るはずである。道路の通行にしても、近代の論理はあまりにも自動車の利便性ばかりを追い求め過ぎていないか。歩行者や自転車の利便性は必ずしも道路の幅員だけで計れるものではない。

確かに、私たちの感覚そのものも、狭い道路は不便と感じることが少なくないが、これも自動車利用に偏った評価ではないか。たとえば、狭い道路は自動車がスピードを上げて通過することも少ないので、静かで安全な環境だという評価もあり得るはずである。

また、安全性にしても、地域のコミュニティが生きていればこそ保たれる側面もある。地域社会を分断して立派な道路を造ったとしても、そうした広幅員の道路沿いに緊密なコミュニティが生まれるとは考えにくい。

このように路地は近代的都市計画に対する懐疑的な問題提起として重要な意味をもっているのである。この点は建築基準法が道路とそこへの接道義務をどうとらえているかを考えるとわかりやすい。周知のように建築基準法は原則的に道路の幅員を四メートル以上と定めている(建築基準法第四二条第一項)。四メートルの根拠は必ずしも明らかではないが、建築基準法の前身である市街地建築物法(一九一九年)の一九三八年改正によって導入された規定である。それまでの道路幅員の法定の最低限度は九尺であった(市街地建築物法第二六条)。

一九三八年の市街地建築物法の改正は前年に制定された防空法との関連から都市空間にも防空の観念を加えることに主眼があった。その一部として各戸防衛の一手法として道路幅員の下限が四メートルに拡大されたのである。

もちろん背景には徐々に増大しつつあった自動車交通や環境衛生観念があったが、それだけでは庶民の敷地面積確保に多大な影響を及ぼす最低道路幅員の大幅アップは政治的に認められなかった。論理としての国民防空があって初めて四メートルの道路幅員は実現したのである。背後には一九三七年に始まる日中戦争があった[★5]。

戦後に制定された建築基準法(一九五〇年)は市街地建築物法の道路幅員四メートルの規定を継承した

のみならず、各戸の前まで消防自動車が到達できるような防災システムを前提として道路幅員を四メートル確保するための仕組みを組み込んでいる。

いわゆる「二項道路」である。

建築基準法上の道路とは原則的に幅員四メートル以上であることが求められるが、法律制定以前からすでに建築物が建ち並んでいる幅員四メートル未満の道で、特定行政庁が指定したものは、幅員四メートルの道路と見なす、という規定である。その道路の中心線から水平距離二メートルまでを道路と見なすことになる。建築基準法の第四二条第二項に規定されているところから、一般に「二項道路」と呼ばれている。二項道路に指定されているところでは、建物を建てることはできるが、その際には道路中心から二メートル下がって建てなければならない。これが連続することによって、将来的に幅員四メートルの道路が確保されることになる、だから消防自動車がどの家の前にも到達することが可能となる、というのが各戸消防の原理である。

しかし、現実はどうか。

この論理は明らかに破綻している。建築基準法の制定から六〇年近く経過しているにもかかわらず、二項道路が幅員四メートルにまで広がっている例は非常にまれである。すべての道路を幅員四メートルにまで拡大するという前提があまりに過大なのである[★6]。

防空を国民全員にモラルのうえからも強いるといった過去の遺制が、その制度の意図するところを超えて現在まで無批判に受け入れられてきた。それが今日のまちづくりのあり方に影響しているといえる。

道路は緊急車両の通行を前提とした幹線とその内側の生活道路とに分別して、前者に防災上の機能を全面的にもたせて、後者にはそこからのホース接続で消火にあたるといった面としての防災システムを考えることの方がより現実的である。

路地の問題はこうした防災の現在の常識にも再検討を迫ることになる。

じつは道路ネットワークをこうした面で考えるという発想はすでに江戸時代にあったようだ。江戸では、道路と路地とが制度上、分けて考えられていたといわれている[★7]。江戸では幹線としての道路とは六〇間×六〇間の街区を作るグリッド状の道路で、これは幅員が三間から五間あった。対する路地とはこの街区の中に発生した裏長屋へ至る敷地内通路とでも言えるような生活道路である。こちらの幅員は六尺から九尺程度であったという。

公道と私道という概念がここから生まれることになる。防災をはじめとしてさまざまなルールが街区単位で考えられていたのである。路地と道路のルールを分けることによって都市の中の多様な行き方を柔軟に認めることに繋がっているという見方もできよう。

3 身体感覚としての路地空間

残念ながら、問題提起としての路地を論じることだけでは達成できないものがある。路地の価値は認めることができるとしても、現制度に対する問題提起からだけでは路地の魅力を十分に説明することはできない。

それでは、路地の魅力をどのように説明することができるのか。

冒頭に紹介した全国路地サミットの開催趣意書にもあるように、路地には風情があり、ほっと気が休まり、なぜか飲み屋街が多いのである。

そこに共通しているものは何だろうか。

このことを考えるとき、「日本人の原風景」という趣意書の指摘は示唆的である。なぜなら、路地には「原風景」と言えるような時代を超えて変わらない何かがあるということを示しているからである。

では、それは何か。

おそらくそれは路地のもつヒューマンな空間感覚だろう。人間が作り出した人間のための空間なのである。路地は身体感覚あふれる空間だということができる。

いかに時代が変わっても、人間の寸法は変わりようがない。したがって、ひとはそうした身体感覚に生活感や懐かしさを感じるのだろう。飲食街もそのようなアットホームな雰囲気を好んで路地に集まってくるのだろう。

まさしく原風景のように変わらずに受け継がれているヒューマンスケールにこそ、路地の魅力があるのだ。こう考えると、日本人の私たちは他のアジアの都市の路地や果てはヨーロッパ都市の路地にも不思議と郷愁らしきものを感じることの理由もわかる。身体の寸法は洋の東西を問わないので、路地のもつ魅力も普遍的に私たちに迫ってくるのだろう。

したがって「日本人の原風景」という表現はやや限定し過ぎのきらいがある。あえていうならば都市生活者の原風景とでも言えるのではないだろうか。

ただし、日本人の原風景という表現がすべて否定されるべきものとも思えない。

たとえば、日本の路地のもうひとつの魅力に、路地を媒介にした緊密な共同体が形成されていること、そしてそれがさまざまなかたちで路地空間に表出していることがあげられる。小さな鉢植えの花壇の緑は日本の路地に特徴的なものである。

西洋の路地がドライな小街路空間であるとすると、日本の路地はウェットな小緑地であるとも言える。茶の庭の露地にも相通じるところがありそうだ。これは確かに日本の原風景の一つの表出かもしれない[★8]。

また、緊密な長屋的なコミュニティは災害時には貴重な個人情報をもたらしてくれるだけでなく、日常的にも相互の安全保障の機能を果たしており、安心のまちづくりの大きな基盤となっている。「安心」と「安全」は必ずしもイコールではない。

ビジネスの場としても身体感覚豊かな路地的空間は新しいビジネスチャンスを提供しているように見える。

たとえば、東京の先端的スポットと人気の高いお台場には室内に路地的空間を擬似的に再現した台場一丁目商店街が二〇〇二年にオープン以降、人気を博している。駄菓子が並ぶ昭和三〇年代の貧しいけれど元気があった昭和レトロの商店街がデックス東京ビーチというお台場の人気商業ビルの四階に設定されているのだ。

二〇〇五年二月に開港した中部国際空港にも、欧風のレンガ通りと並んで和風のちょうちん横丁と名づけられた路地的空間の商店街が設けられている。最先端のテクノロジーを誇示する人工島の空港内の商業施設が横丁や小路を売り物にしているのである。

繁華街にある普通の飲食店をみても、店内に路地が巡り、迷路のような構成をした居酒屋や料理店が増えているのに気づく。落ち着いて滞在できる路地的空間が売り上げアップに貢献するからこそ、そのような設えの店舗が増えていくのだろう。

時代は路地の身体感覚を求めているのだ。

4 都市計画制度の転換へ向けて

そもそも都市計画制度を取り巻く環境が従来大きく変化してきている。国も自治体も財政難で都市計画事業を前のめりでやるような時代ではなくなった。むしろ従来計画決定してあった都市計画道路をいかに無理なく整理していくかが問われる時代となってきたのである。将来交通量の推計でも、人口減少社会のなかでは過大な夢をふくらませることはできなくなってきた。

だとするとこれからの都市空間は近代的な広幅員道路とそれ以外の前近代の道路との複合的な組み合わせのなかで計画されなければならないことになる。路地を単純に否定するわけにはいかなくなるのである。

同様に、建築基準法の世界でも、すべての道路が四メートル以上であることを前提とした基準は維持が困難になるだろう。

この点に関しては、北は函館市から南は臼杵市まで歴史的環境を有する全国一一市町が内閣官房都市再生本部（当時）のもとに招集されまとめられた、二〇〇三年五月の歴史的なたたずまいを継承した街並み・まちづくり協議会の報告書［★9］において、道路幅員制限の緩和が採り上げられ、議論がなされている。

その結果、建築基準法第四二条第三項の規定、すなわち、土地の状況によりやむを得ない場合は、特定行政庁が建築審査会の同意を得て幅員四メートル未満の道路を指定する、いわゆる三項道路の制度がより活用しやすくなるように、二〇〇三年に建築基準法が改正され、条例で敷地や構造、建築設備または用途に関して必要な制限を加えて一定の安全性を担保することによって、積極的に運用することが可能となった。

具体的には、二〇〇四年二月に発出された同条項の規定に関する国土交通省による運用通知において、「地域の歴史文化を継承し細街路の美しいたたずまいの保全・再生を図る場合や、密集市街地内の老朽化した木造建築物の建替えの促進を図る場合について、特定行政庁がその指定を考慮することは差し支えない」［★10］と明文をもって推奨しているのである。

一方で、新しい制度の登場にも触れる必要がある。

大阪の法善寺横丁は二〇〇二年九月九日と二〇〇三年四月二日の二度にわたる火災の後、幾多の苦難を乗り越えて、従来の幅員である一間半、二・七メートルで再興された。その復興にあたっては連担建築物設計制度が用いられた。

連担建築物設計制度は一九九八年の建築基準法改正によって導入された新しい制度で（法第八六条第二項）、複数の敷地をあたかも一つの敷地であるかのように想定して、敷地全体に対して容積率や建蔽率、斜線制限などの形態規制を適用するというもので、一団地の設計制度（建築基準法第八六条第一項）の一つの変種ということができる。

これによって法善寺横丁の場合には、横丁の通りそのものを建築基準法上の道路であることからはずし、一敷地内の通路と見なすことが可能となったのである。一敷地内の通路であれば幅員が二・七メートルであっても何ら問題がないことになる［★11］。

建築物を単体ごとに考えるのではなく、面としてとらえるという先述の考え方がこうして新しい制度として登場するような時代になってきたのである。

5　防災の観点から

ここまで論じてきて、そうはいうけれど防災の観点からやはり路地は危険だろう、と呟く声が聞こえてきそうである。

この点に関しては、先述の『路地からのまちづくり』において、室崎益輝総務省消防研究センター所長（当時。現関西学院大学教授）と中林一樹首都大学東京教授という東西の防災研究の大御所が周到な論陣を張ってくれている。それを概観すると、以下のようになる。

まず、室崎氏は災害は起きることを前提として、その被害をいかに減らせるかという「減災」という考え方を提唱し、「減災」の観点からすると、路地には重要な機能があると主張している［★12］。それは路地の「監視抑制性、組織連携性、避難支援性、延焼遮断性、消火救援性」である。このうち路地の「延焼遮断性」とはやや意表を突く指摘であるが、その意味するところは、裏側の延焼阻止線としての背割り線路地、水路や蔵、土壁などの組織的使用による地区としての延焼性能の向上など、伝統的な町並みがもつ知恵が延焼防止に役立っているということである。

とはいえ、延焼の危険や地震の際の道路閉塞など、路地が広幅員道路に比べて災害に強くないということは明らかである。

この点について、中林氏は路地のもつ弱点を改善する現実的な手法を提案している［★13］。それは、小型ポンプ車が通行できるような街角の隅切りの実施であり、建物の難燃化の推進や耐震性能の補強のための公的資金の投入であり、行き止まり路地の奥宅地の通路化事業であり、路地協定の締結による人的支援体制の確立である。

これらの手法を組み合わせることにより、現実問題としての路地の減災が一歩進むのである。すべての道路を四メートル以上に拡幅することに絶望的なエネルギーを費やすよりもこうした施策を複合的に実施することの方が実効性は高いと言えるだろう。

このように、現実的な施策を実施さえすれば、路地のソフトな減災力もカウントに入れるとすると、防災の観点からも、路地を活かすことはあながち夢想だとはいえないのである。

＊＊＊

以上のように各方面において路地の再評価が進みつつあるというのがこんにちの状況である。これは直接的には交通計画や都市計画制度、建築基準法への疑問の提起であるが、より広く言うと二〇世紀的な都市文明への批評、あるいは批判とも言える。路地の先には二一世紀の豊穣な都市論が横たわっているのかもしれない。

註

★1 「路地サミット開催趣旨」、第一回路地サミット・パンフレット（二〇〇三年一一月一五日）所収。

★2 全国路地のまち連絡協議会の詳細は会のウェブサイト <http://jsurp.net/roji/> 参照。

★3 全国路地サミットは、連絡協議会の世話人のひとりである今井晴彦氏が二〇〇三年二月二二日、東京都墨田区で開催された草の根都市再生シンポジウム「木造密集市街地の都市再生――向島から展望を拓く」において提唱したことに端を発する。

★4　全国各地の路地を活かしたまちづくりに関しては、前掲の『路地からのまちづくり』が詳しい。
★5　市街地建築物法の道路幅員に関する考察については、柳沢厚・山島哲夫編著『まちづくりのための建築基準法――集団規定の運用と解釈』（学芸出版社、二〇〇五年）の第四章「4m未満道路の取扱いと接道規定について」（九九―一二七頁）。その他、大河原春雄『建築法規の変遷とその背景――明治から現在まで』（鹿島出版会、一九八二年）九二―九六頁、橋本幸曜「建築法規最低道路幅員規定における4m規定の由来に関する研究」、『東京大学都市工学専攻二〇〇四年度修士論文梗概』など参照。
★6　すべての道路幅員が四メートルである必然性はないという点に関しては、建設官僚であった青木仁氏の著作、『なぜ日本の街はちぐはぐなのか――都市生活者のための都市再生論』（日本経済新聞社、二〇〇二年）の「接道義務原則の再検討」の項（一一四―一三〇頁）に詳述されている。
★7　加藤仁美・石田頼房「明治期の建築規則等における道路・通路規定についての考察」、『日本建築学会計画系論文報告集』第三六七号、一九八六年九月、四四―五四頁。なお、本論文によると、市街地建築物法および都市計画法の法案の議論を行った都市計画調査委員会の議事録（一九一八年）には「路地」ではなく、「路次」と記載されている。
★8　全国路地のまち連絡協議会はこれを「路地園芸」と呼んでいる。今井晴彦「路地まちづくりのネットワーク」、『路地からのまちづくり』（前掲）所収。
★9　『歴史的なたたずまいを継承した街並み・まちづくり――歴史文化を活かした美しいまちづくり』（歴史的なたたずまいを継承した街並み・まちづくり協議会、二〇〇三年五月）、四五頁。
★10　「法第四二条第三項の規定の運用通知」（二〇〇四年二月二七日、国住街第三八二号、都道府県建築主務部長あて、国土交通省住宅局市街地建築課長発、技術的助言）の第一項。
★11　もちろん、防災上のルールづくりなどできめ細かな協定を締結することが別途求められてはいるので、単純な規制緩和ではない。
★12　室崎益輝「路地の本質的防災論――路地を活かして減災を」、『路地からのまちづくり』（前掲）所収。
★13　中林一樹「路地からの防災まちづくり――現状を打破するための提案」、『路地からのまちづくり』（前掲）所収。

（二〇〇八年七月）

5 文化的景観と都市保全学

1 文化的景観の新展開

環境の文化的価値を評価するための視点の一つとして一九九〇年代から世界的に議論され始めたのがcultural landscapeもしくはhistoric landscapeと呼ばれる概念である。周知のように日本でも二〇〇四年五月の文化財保護法の改正によって、文化的景観が文化財の新しいジャンルとして規定されることになった。

改正された文化財保護法が規定している文化的景観とは、「地域における人々の生活又は生業及び当該地域の風土により形成された景観地で我が国民の生活又は生業の理解のため欠くことのできないもの」[★1]と定義されている。これは、世界遺産条約履行のための作業指針（二〇〇五年大改正）が規定している「自然と人間との共同作品」（指針第四七条）や二〇〇〇年の欧州風景条約がいう「その特徴が自然又は人間的要素の作用及び相互作用の結果として、人びとに知覚されている地域」（同第一条）という文化的景観の定義よりもはるかに限定したものとなっている。

ただし、一方で世界遺産条約履行のための作業指針も欧州風景条約もいずれも「自然」と「人間」との相互作用の中で文化的景観をとらえようとしているのに対して、日本の場合、「生活又は生業」と「風土」との相互作用としてとらえられているので、都市や集落など、必ずしも「自然」が前面に出ないような風景地においても、文化的景観が対象として措定されることも可能となる。ここは日本の文化的景観の定義のユニークなところである。このことは後に述べるように、日本の文化的景観論議に広がりと同時に困難をもたらすこととなった。

二〇〇四年に改正された文化財保護法によって文化的景観のうち、とくに重要なものを国は重要文化的景観として選定できることとされた[★2]。

この法改正に伴って二〇〇五年三月に重要文化的景観選定基準が告示されているが[★3]、そこで文化的景観を以下の八つに分類し、それらのうち「我が国民の基盤的な生活又は生業の特色を示すもので典型的なもの又は独特のもの」（同第一項）が国選定となると示している。すなわち、

「(1)水田・畑地などの農耕に関する景観地
(2)茅野・牧野などの採草・放牧に関する景観地
(3)用材林・防風林などの森林の利用に関する景観地
(4)養殖いかだ・海苔ひびなどの漁ろうに関する景観地
(5)ため池・水路・港などの水の利用に関する景観地
(6)鉱山・採石場・工場群などの採掘・製造に関する景観地
(7)道・広場などの流通・往来に関する景観地
(8)垣根・屋敷林などの居住に関する景観地」

このうち農林水産業に関わる（1）から（5）の項目に関しては、法改正に先駆けて二〇〇〇年度から二〇〇三年度にかけて全国調査が実施された。同調査において、二三一一件の文化的景観が第一次調査で洗い出され、このうち五〇二件に関して第二次調査が実施され、うち一八〇件の重要地域が特定されている[★4]。

農林水産業に関連した文化的景観は世界的な潮流とも合致しており、もっともわかりやすく、受け入れられやすい文化的景観の類型であると言えるが、この後、文化庁はさらに（6）から（8）の項目に関しても都道府県ごとのとりまとめによって全国の悉皆調査を開始した。これはいわば第二次産業や第三次産

業が作り出す景観に関してもその文化的価値の洗い出しをしようというものであり、世界でも例を見ない新しい領域へ、日本は一歩踏み出したのである。

この調査に関しては二〇〇八年四月、「採掘・製造・流通・往来及び居住に関連する文化的景観の保護に関する調査研究(中間報告)」が公表され[★5]、二〇〇九年三月末までに最終報告を発表する準備が進められている。[付記 二〇一〇年三月に最終報告が公表された。]

14−15頁の表1にあるように市街地景観や工場景観、遊楽地の景観そのものなど五つの大分類、九中分類、さらに三二の小分類で文化的景観を評価しようという野心的な試みである。中間報告までに、第一次調査によって二〇三二件の第二次・第三次産業関連の文化的景観があげられており、そのうち第二次調査を行ったものが一九五件、さらに重要地域として六六件が二〇〇八年四月に公表された[★6]。

2 第一次産業以外の文化的景観を扱うことの難しさ

採掘・製造・流通・往来及び居住に関連する文化的景観とは、ひとことでいうと農林水産業以外の文化的景観ということである。第二次産業および第三次産業が作り出す景観と集住自体が生み出す景観とから成っているということが言える。

第一次産業以外の文化的景観を扱うことは第一次産業の文化的景観を扱う際と大きく異なっている点がいくつかある。

第一に、文化的景観は景観を生成し、維持しているメカニズムを尊重することに主眼があるので、現在そこにある景観を凍結的に保存することはめざしていないものの、農林水産業においては、現在の管理システムを保持していく限り、一定の田園風景がある程度維持されていくことが容易に想定される。これに対して、第一次産業以外の分野においては、産業の変化や都市の発展とともに生起する変化がほとんどの場合不可逆的であり、景観の漸進的な変化が避けられない。また、その変化のスピードをコントロールすることも、都市計画規制など他の領域のコントロール手法を援用しない限り、文化的景観の制度のもとでは困難である。

第二に、農林水産業においては文化的景観を構成している景観の単位が比較的広大であるのに対して、それ以外の大半の景観地においては、景観単位の規模が小さく、その分、地区画定の具体的な線引きが重要となるうえ、区域外の影響を受けやすくなるという問題点がある。また、景観地の画定は地図の上で二次元的に行われるが、実際の景観はスカイラインや眺望など、三次元的な要素を多く含んでおり、これらを適切に扱う手法が未だ確立されていないという点がある。

第三に、第一次産業が織りなす景観は長年の農業等の慣行の中で安定した風景を形成しているのに対して、第一次産業以外が生み出している景観は、産業構造の変化や生産システムの改新、生活スタイルの変化等によって、日々緩やかな変化の中にあるということが言えるため、現在の景観が文化的景観として安定的なものであるということが判断しづらい状況にあるという点である。したがって、その景観の保護が、ある場合には漸進的な変化を阻止する要因とも見なされかねない。

第四に、第一次産業が生み出している景観は、大方の場合、その内部で景観管理のシステムが完結しているために、環境的にも自立的な単位として見なすことができる場合が多いのに対して、それ以外の場合は、当該景観単位の外部へ環境的な負荷をかけているような場合が少なくない。たとえばある工場景観がそのものとしては評価できるものの、その工場が公害の発生源となっていたとしたら、やはりこの工場景観を重要な文化的景観として評価することはできないだろう。これほど極端ではないにしても、ある産業や居住のあり方が他の地域の環境に負の影響を与えているような場合は容易に想定できる。これをどのように評価するのか、難しい問題である。

3 世界の潮流の中で

目を世界に転じると、世界文化遺産に登録されたドイツの都市ケルンが後背地での高層ビル建設によって危機遺産リストに掲載されたことを採り上げるまでもなく、都市内の歴史地区の景観と周辺の都市開発とをどのように調和させるべきであるかということは、ウィーンやロンドン、ドレスデン、イスファハン、ペナンなど各地の世界遺産都市で喫緊の課題になってきている。

従来の二次元的なバッファーゾーンによる規制だけでは都市のスカイラインを保全することは困難である。文化財保護行政を周辺に延長させるのみでなく、都市計画の規制そのものを歴史的環境に合わせて仕立て直すべきであるという議論がなされるようになってきた。

ここでキーワードとして語られるのが、歴史的都市景観historic urban landscapeである。都市において保全すべきなのは面としての歴史地区だけなのではなく、三次元的な歴史的都市景観とそこに含意された都市の文脈的な理解も重要なのだという主張である。

歴史的な文脈を理解するということは、言い換えるならば、歴史的都市の景観を成立させてきた要因は重層的であり、その歴史的経緯を踏まえた管理可能な変化であれば、許容されるべきだという主張でもある。そうなると論点は、どの程度の規模の変化をどの程度の速度で惹起されることを許容するのか、といった程度問題となる。

この点において学としての都市保全を確立することが重要となってくる——歴史的都市景観とは正確には何であり、何をコントロールすればそれは保全されたことになるのか、という基本的な問題に確固とした解答を与えることのできる学問的蓄積が必要なのである。現在、世界中の歴史都市でこうした議論が続けられている。日本もその輪の中にいるのである。

同時に、文化の道や運河など、これまで想定されていなかったような文化遺産が提起されるようになってきており、その線的な構成はある意味で新しいかたちの文化的景観を形成しているということもできる。このように、世界の議論を見ると、文化的景観の概念そのものも固定されたものでもなく、むしろ約二〇年の蓄積を経てもなお、新しい考え方が次々と提起されつつあるといった方が良いだろう。

4 都市保全の計画手法と都市の文化的景観

ここで都市的な環境における文化的景観に議論を絞るとすると、そこにおいて都市保全学というものがどのような計画的な関与を行うことが可能であるのか、という点について最後に考えたい。

第一に、都市における文化的景観の価値判断のあり方の問題がある。「採掘・製造・流通・往来及び居住に関連する文化的景観の保護に関する調査研究（中間報告）」ではこれを評価指標Aと評価指標Bとに分けて示している。

評価指標Aとは、以下の四点であり、文化的景観に限らず一般的標準的に用いることのできる指標である。すなわち、

（一）一定の場・空間に所在し、自然的・歴史的・社会的主題を背景とする一群の要素が全体としてひとつの価値を表していること
（二）諸要素の関係及び機能が、現在に至るまで何らかの形で維持・継承されていること
（三）記憶・活動・伝統・用途・技術等の無形の要素に特質が見られること
（四）一般に広く受け入れられていること［★7］

この評価指標Aに加えて、評価指標Bとして、景観の重層性、象徴性、場所性、一体性という四つの側面から評価している。すなわち、

（一）景観が歴史的・社会的に重層して形成されていること（景観の重層性）

（二）景観がある時代又はある地域に固有の伝統・習俗、生活様式、人びとの記憶、芸術・文化活動の特徴を顕著に示し、象徴的であること（景観の象徴性）

（三）特定の場所とそこで行われる人間の行為（活動）との関係が景観形成に影響を与えていること（景観の場所性）

（四）諸要素が形態上・機能上、有機的な連関を顕著に示し、全体として一つの価値を表していること（景観の一体性）［★8］

当該都市景観が市民の間に定着しており、景観を形成し維持するシステムが存在し、それが多様な意味を示していることが評価の基準となっている。つまり、ひとことで表すならば、価値ある景観の物語が実感できることが求められているのである。

困難なのは、こうして抽出された価値ある都市の文化的景観を本当に保護することができるのかという点である。とりわけ、景観の重層性や一体性などが求められる場合には、全体としての都市の変化とどのように折り合いをつけていくのかという難しい調整の問題が残されることになる。

さらにいうと、景観の物語を示す構成要素を列挙してその重層性や場所性を示すことと、景観の全体像を示してその一体性や象徴性を示すこととは往々にして別のベクトルをもつことになる。景観を構成要素の集合体としてみるのか、眼前に広がる全体のものとしてとらえるのかによってアプローチは異なってくるうえに、地区画定のあり方も異なってくる。第一次産業を対象としている限りでは、重層性と一体性の間の距離は大きくないが、都市となると他の景観要素が多数混入してくるため、地区画定の全体像はなかなか見えにくくなってしまう。

平泉の世界遺産登録が難航しているのもここに原因がある。本来ならば平泉という場の全体を文化的景観としてコアゾーンに指定できれば問題ないのであろうが、現代の都市が重層的に存在している現状ではそれは困難である。とすると、個別要素の集合体として平泉をとらえると、それは文化的景観とは言い難いのではないかという問いが残ることになるからである。［付記　二〇一一年に中尊寺をはじめとする五資産が世界遺産に登録された。］

第二に、保全のツールの問題がある。都市の文化的景観を扱う場合に、その景観を成り立たせているシステム全体を評価する視点が必要だとしても、それらを個々に保全していくための手法は多様にならざるを得ない。

たとえば、都市全体の開発圧力をどのようにして重要な文化的景観地から別の場所へ振り向けるか、そのための誘導策として容積率や高度地区をどのように設定するのか、また、コアとなる景観要素を点的に保存する措置とこれらの景観要素を含む広い景観地全体をどのように画定し、どの程度の規制力をもったコントロールをかけるのか、という問題がある。

いかに文脈に沿った変化は許容されているといっても、おのずとそこには許容できる限度というものが存在するだろう。これを計画上、どのように合意していくのかに関しては、緩やかな景観条例から種々の協定まで幅をもったメニューで対応していく必要がある。

景観まちづくりという呼び名で総称されている都市保全をめぐるこれまでの経験と蓄積がおそらくはこの局面では力となるに違いない。景観まちづくりはまた、景観を成り立たせている地域の活動やコミュニティの存在など、無形の要素をどのように評価し、計画の中に取り込んでいくかという点においても貢献できるだろう。なぜなら、まちづくり全般において鍵となるのはその担い手であり、まちづくりそのものがそうした担い手の側から生まれた運動だからである。

また、周辺地区における高層ビルの問題も考慮しなければならない。都市のスカイライン自体が都市の景観的な一体性を保つために重要な資産と考えられる場合が少なくないからである。そのための眺望規制の手法もようやく各地の景観計画の中で工夫されてくるようになってきた。

これらを含めて全般として都市の文化的景観を考える際には、生きて変化していく都市とどう向き合うかという難問が待ち受けている。計画立案の段階における計画への市民参加や、変化をモニタリングする届け出による許認可システムの公開、透明な審議とそこへの市民団体の関与など、これまで都市保全の運動が獲得してきたボトムアップ型の合意形成の仕組みを都市における文化的景観の動態的な保全においても援用することは十分可能である。そこへは景観の無形の要素も加わることができるだろう。

こうした複数の手立てを講じることによって、都市の、ひいては第一次産業以外の幅広い文化的景観の評価や画定、保全の仕組みを今後構築していかなければならないのである。

（二〇〇九年一二月）

註

★1 『文化財保護法』第二条第一項五号。

★2 『文化財保護法』第一三四条第一号。

★3 平成一七年文部科学省告示第四七号「重要文化的景観選定基準」。

★4 文化庁文化財部記念物課『農林水産業に関連する文化的景観の保護に関する調査研究（報告）』（二〇〇四年）。これに重要地域をはじめとする地区の写真や解説を加えた総合的な報告書として、文化庁文化財部記念物課「農林水産業に関連する文化的景観の保護に関する調査研究報告書」が二〇〇五年三月三一日に刊行されている。

★5 採掘・製造・流通・往来及び居住に関連する文化的景観の保護に関する調査研究会『採掘・製造・流通・往来及び居住に関連する文化的景観の保護に関する調査研究（中間報告）』（二〇〇八年）。［付記 のち、同名の最終報告が二〇一〇年三月に同調査研究会より刊行された。］

★6 「同右」別紙二。本書14－15頁表1参照。

★7 「同右」二、(二)、イ。調査指標の考え方、【評価指標 A】。

★8 「同右」二、(二)、イ。調査指標の考え方、【評価指標 B】。

6 景観コントロールの論理――都市計画の視点から

都市計画がめざす都市像

ヨーロッパの都市を訪れるとその整った町並みに魅了される。都市そのものが立派な観光資源ともなっている。こうした町並みは、その成立にあたっては建築技術や構法の時代的制約や共通性によって、おのずと調和が生み出されてきたものではあるとしても、その維持保全にあたっては、周到な計画規制が準備され、特定の意志をもってその形態が誘導されてきたということが知られている。建物の高さや建物前面の壁の位置は言うに及ばず、裏側の庭の取り方や軒の高さ、さらには場合によっては窓割りや壁や窓枠の色にまで細かな制限が設けられており、違反したものには罰則が科せられるのが通例である。

なぜこのようなことが可能なのか。

おそらくは、都市における街路空間のあり方に関して、一つの共通認識あるいは共通の規範が存在し、それを遵守することが共通の利益にかなうという社会通念が形成されているからであろう。受け継ぐべき都市像というものが長い年月をかけて確立されており、都市は一つの作品としてより良いものへと努力を加え続ける対象として認められているのである。

こうした都市計画規制は、もちろん、景観のためだけにあるのではない。居住環境の維持や動線の確保、交通量の規制や防災、公衆衛生など、さまざまな観点からのコントロールの総体として都市計画規制が確立してきたのである。しかし、これらの観点を糾合して、それを一つの魅力的な都市風景として組み立てていくことに多大な関心が払われ、都市の総合的な価値指標として景観の美しさが存在していることは、少なくともヨーロッパ都市を見る限り明らかである。

では、このような合意はヨーロッパ都市に限定されたものであるのか――いや、そうではないだろう。北米でも南米でも、魅力的な町並み空間を生み出している都市にはこうした細かな都市計画規制が課されてきたのである。

こうした事情は日本でも同様である。京都や金沢など歴史的な町並みが美しい都市、そして重要伝統的建造物群保存地区に選定されているような地区には、日本の基準でいうならば詳細な景観規制がかけられており、そのことによって固有の街路景観が保持され、それが地域の魅力となって全国へ情報発信することに繋がっているのである。

また、このような魅力的な日本の町並みは何も歴史的な地区に限ったものではない。東京の田園調布や成城学園、国立の地区が高級住宅地として人気が高いのは、かつてこれらの地に都市計画によって計画的な住宅市街地が造成され、その後の住民たちによる自主的な努力や建築協定によって調和のとれた戸建て住宅地の景観が保持されてきたことが大きい。都心においても東京の丸の内や大阪の中之島の街区が一等地の業務街としての地域を築いてきた背景には、一等地にふさわしい景観づくりの努力が払われてきたことが大きく寄与しているのは疑いのないところである。

つまり、これらの地区にはめざすべき地区の空間像が確立しているのである。そしてそうした保持すべき地区像に向けて努力を続けていくことが、長期的に見て地区の価値を高めていくことに繋がるということを関係者はみな理解しているのである。

このような地区に長期的に見て、守るべき景観利益が存在していることは明らかである。

ここで留意しなければならないのは、「長期的に見て」という保留の文言である。短期的に見るならば、自らの所有する敷地から得られる収益を瞬間風速として最大化するための方策は、別にもあると言える。周辺景観との調和などに気をとられることなく、極大の床面積を市場に提供すれば、おそらくは短期的な事業採算上はもっとも有利だということになるだろう。

しかし、こうした行動を各自がばらばらにとっていったとすると、地区の景観はまとまりのないものになり、周辺環境に悪影響を及ぼすことになり、長期的に見ると地区の魅力を減殺することになるに違いない。そこには依拠すべき地区像がないので、個々の建設行為が地区の景観的な魅力をさらに補強し、高める結果をもたらすという正の循環が生まれない。逆に、周りも自分の事情だけで放縦に建設行為をするのだったら自分も好きなことをするのがいい、という負の循環をきたすことになりかねない。

都市計画や景観規制というものは、こうした負の循環を防ぎ、正の循環をもたらすためにあると言える。もちろん規制であるから各人が勝手気ままに建設行為をすることは制限されることになる。しかし、それは公共の福祉のためであって、結果としてより良い都市環境と地区景観をもたらすことに繋がるのである。

都市計画や景観規制は、ちょうど交通規制のようなものである。交差点の信号機を考えてみるといい。赤信号によって道路を横断できないという制限が課され、各人の行動は規制されると言えるが、そのことによって交差点の交通はスムーズになり、人も車もみな安全に快適に交通がさばけることになる。信号機による行為の規制は合理的なものであり、当然受忍限度内のものである。誰も交通規制によって行動の自由が束縛されたといって訴えることがない。

「美観」とは何か——市民の合意形成

景観規制が存在意義を有していることはわかったとして、次に問題となるのが、ではどうやって合理的な景観の規制値を定めることができるのか、という点である。景観規制が計画者の恣意に任せられていないか、主観的な判断をどのように克服できるのか、という問題である。

伝統的建造物群保存地区のように歴史の中に景観規制の手がかりがある地区に関しては、それほど議論の余地はないだろうが、そのような地区は日本においては例外的であり、大半の地区は依拠すべき都市像や地区像をもたないのではないか、という疑問がしばしば語られる。これにどう対処するのか。

この問いかけに対してはふた通りの回答が存在する。

第一に、都市像や地区像には積極的なものと消極的なものがある、ということから議論を始める論点である。つまり、ヨーロッパ都市や日本でも伝統的建造物群保存地区のようなところの景観規制は、ある特定の街路空間のあり方が望ましいということに関して一つの価値軸を有しているという意味で積極的な都市像に基づいた規制であるということができる。

これに対して、具体的に依拠すべき都市像や地区像が共有されていないようなところでは、何ができるか。

おそらくは、そのような地区においても、許容できる開発行為には限度というものがあり、ある一定規模以上のものに対しては地域の調和を損ねるという観点から許容し難いという評価がされることになるだろう。これは消極的な都市像や地区像に基づく景観規制の値だということができる。

どのような地区であれ、長期的視点からその地区の将来像からして許容できる開発にはおのずと限度がある。こうした消極的な都市像・地区像の構築から出発して、次第に依拠すべき基準が明確化してくるにつれて、より積極的な都市像・地区像を確立していくこと、それに基づく景観規制へと深化させていくことが戦略的にめざされるべきであろう。

第二に、消極的な都市像や地区像とはいっても、具体的に高さ何メートルまで許容するのかといった数値になると、どのような客観的な根拠があり得るのかという疑問がある。この疑問に答える論点が必要となる。

ここで鍵を握るのが地域住民による合意形成である。積極的な都市像・地区像が保証されない地区において、たとえば何メートルまでの高さの建物ならば許容できるのかは、主観的に決まるのではなく、透明な議論の中で決まっていくことになる。合意形成のプロセスが重要なのである。そしてそうしたプロセスが透明性を保ち、民主的になされるようなアカウンタブルな仕組みを立ち上げることが重要な課題となってくる。

そのために、ビジュアルなシミュレーションや合意を生みやすくするワークショップの開催などのノウハウが蓄積されていかなければならない。都市計画はそのための修練をする技術でもある。

従来の都市計画は、都市計画図に代表されるような権利制限の見取り図を作成することが仕事だと考えられてきた。その背後には、そうした作業の先にインフラなどの都市施設整備が想定されていた。しかし、こんにちの都市計画はこうした構図から抜け出て、都市計画図には描かれていない地区の空間的な将来像を描くことへ向かいつつある。景観規制は、したがって、都市計画の重要なツールとなりつつある。そしてそこで用いられるのは主観的な「美観」創造なのではなく、合意のもとに生み出される民主的ルールの構築という手法なのである。

景観問題は、誰にとっても見えるものであり、タテワリの作業を一目瞭然のもとに総合化する手法でもある。これほど民主的なルールづくりに適合したフィールドはない。そこで生まれてくる景観の自主的な基準が消極的な都市像・地区像を次第に積極的な都市像・地区像へ導くための糸となり得るとしたら、都市計画の役割も小さくないと言えるのではないだろうか。

（二〇〇八年一二月）

7

なぜ景観整備なのか、その先はどこへいくのか

景観法に基づく景観計画および景観地区の動き

景観法が全面施行されてから満二年が経過し、景観行政団体数も徐々にではあるが順調に増え続け、二〇〇七年六月一日現在で二八三団体（公示予定を含む）となっている。このうち都道府県の同意を得て自らの意思で景観行政団体と名乗りを上げた自治体は合計一八四市町村（公示予定を含む）で、この数もコンスタントに増えている。

景観計画の数も、国土交通省景観室によると、二〇〇七年六月二七日現在で四九計画となっており、そのほとんどがウェブ上で閲覧できるので、計画手法に関する理解も急速に深まってきた。

景観地区も従来の美観地区から移行したものに加えて、二〇〇六年一二月に新規の景観地区として初めての指定が東京都江戸川区においてなされた。江戸川区の一之江境川親水公園沿線景観地区は、以前から親水公園の熱心な整備が行われてきた一之江境川に面した奥行き一〇メートルの範囲で帯状に連なる合計一八・七ヘクタールの地区に対して、色彩、建築物の高さの最高限度、壁面線の後退（〇・五メートル）、敷地の最低限度（一〇〇平方メートル）を定めたものである。景観地区の新規第一号が、著名な観光地や歴史都市ではなく、一般的な市街地で実現したことは、今後の景観地区指定の可能性と幅を暗示させてくれるような慶事である（図1）。

その後、景観地区は島根県松江市の武家屋敷地区である塩見縄手地区（二〇〇七年四月）、岐阜県各務原市のITを中心とした工業団地であるテクノプラザ地区（二〇〇七年三月）、神奈川県藤沢市の江の島および辻堂駅前の都市再生事業地区、湘南C-X（シークロス）（いずれも二〇〇七年四月）、広島県尾道市の中心

市街地（二〇〇七年四月）において指定されている。今後も徐々にではあるが、景観地区の指定も増えていくだろう。

ここで注目すべきなのは、これまでの美観地区では想定されていなかったような地区が景観地区として指定されていることである。

先の江戸川区の景観地区の事例以外にも、たとえば各務原市のテクノプラザ景観地区は約四八ヘクタール［付記　二〇一〇年に約六四ヘクタールに拡大された］の緑豊かな工業団地を維持するため、建築物の最高高さを二〇メートルに抑え、壁面の位置を道路境界線から五メートル以上、隣地境界線から二・五メートル

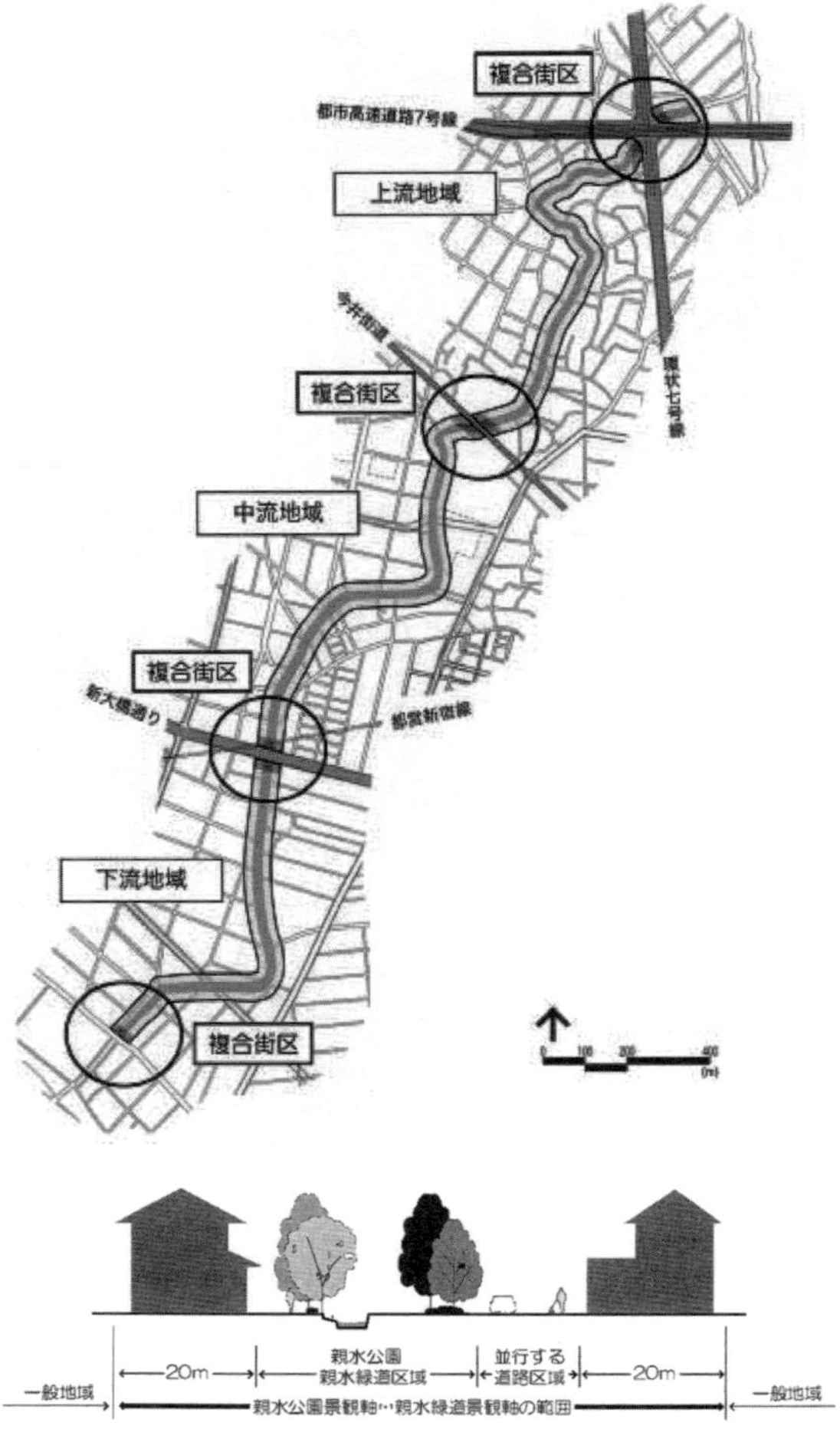

図1　江戸川区一之江境川親水公園沿線景観地区
出典：『江戸川区景観計画』（2011）江戸川区親水河川景観軸およびウェブサイト「景観まちづくりのルールの概要」より

以上後退、敷地面積の最低限度を二〇〇〇平方メートルとするといった規制を全面的にかけるものとなっている。

また、尾道市景観地区はＪＲ尾道駅から尾道市役所に向かって東に広がる都心の大部分およそ二〇〇ヘクタールをカバーしており、これは斜面に広がる市街地の背景をなす水道両側の山並みの稜線にまで及んでいる（図２）。つまり、見渡せる斜面地の風景全体が景観地区として定められているのである。景観地区内がさらに中心市街地ゾーン、沿道市街地ゾーン、海辺市街地ゾーン、斜面市街地ゾーン（以上、尾道

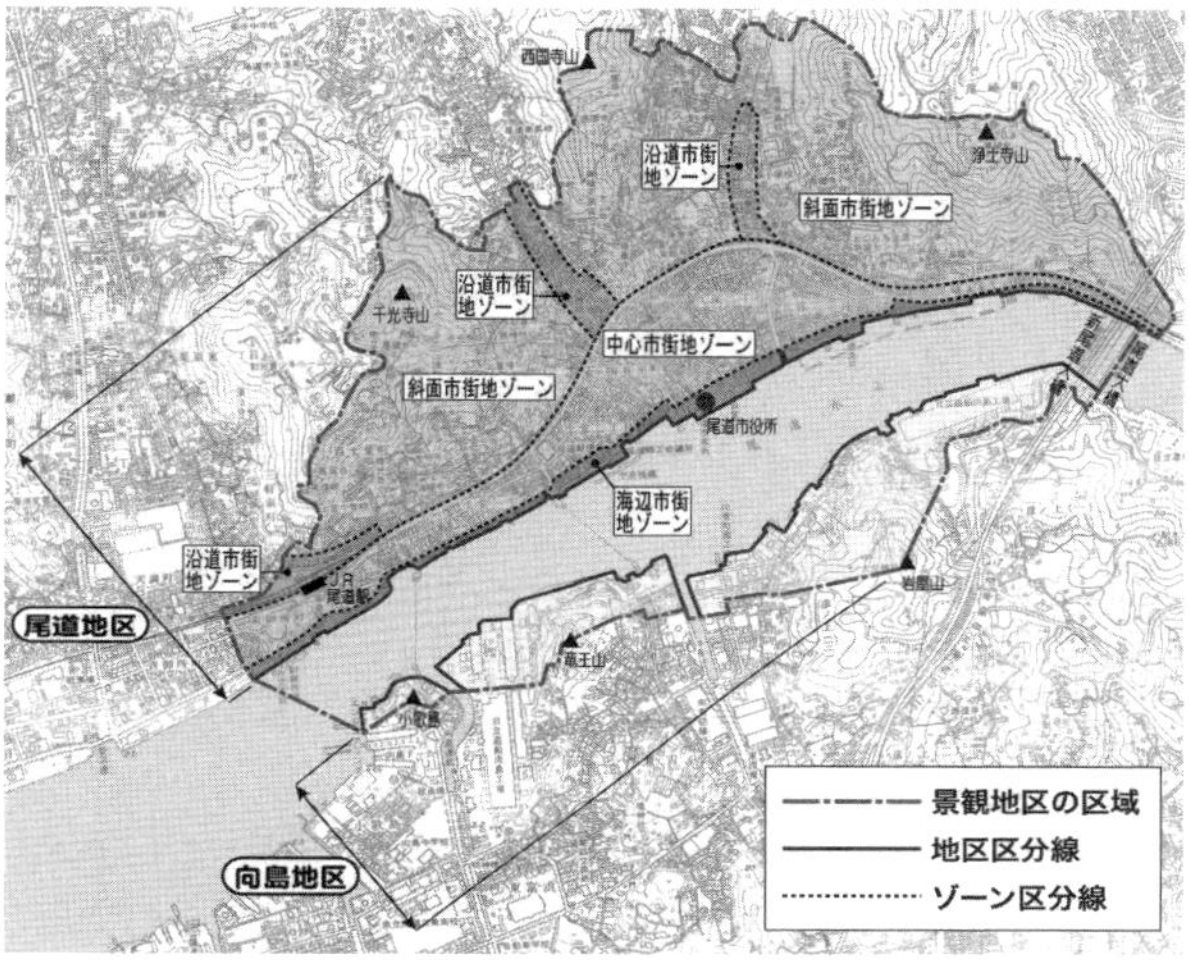

図2　尾道市景観地区の区域
出典：「尾道の景観施策のあらまし」p.14 <http://www.city.onomichi.hiroshima.jp/uploaded/attachment/9.pdf>

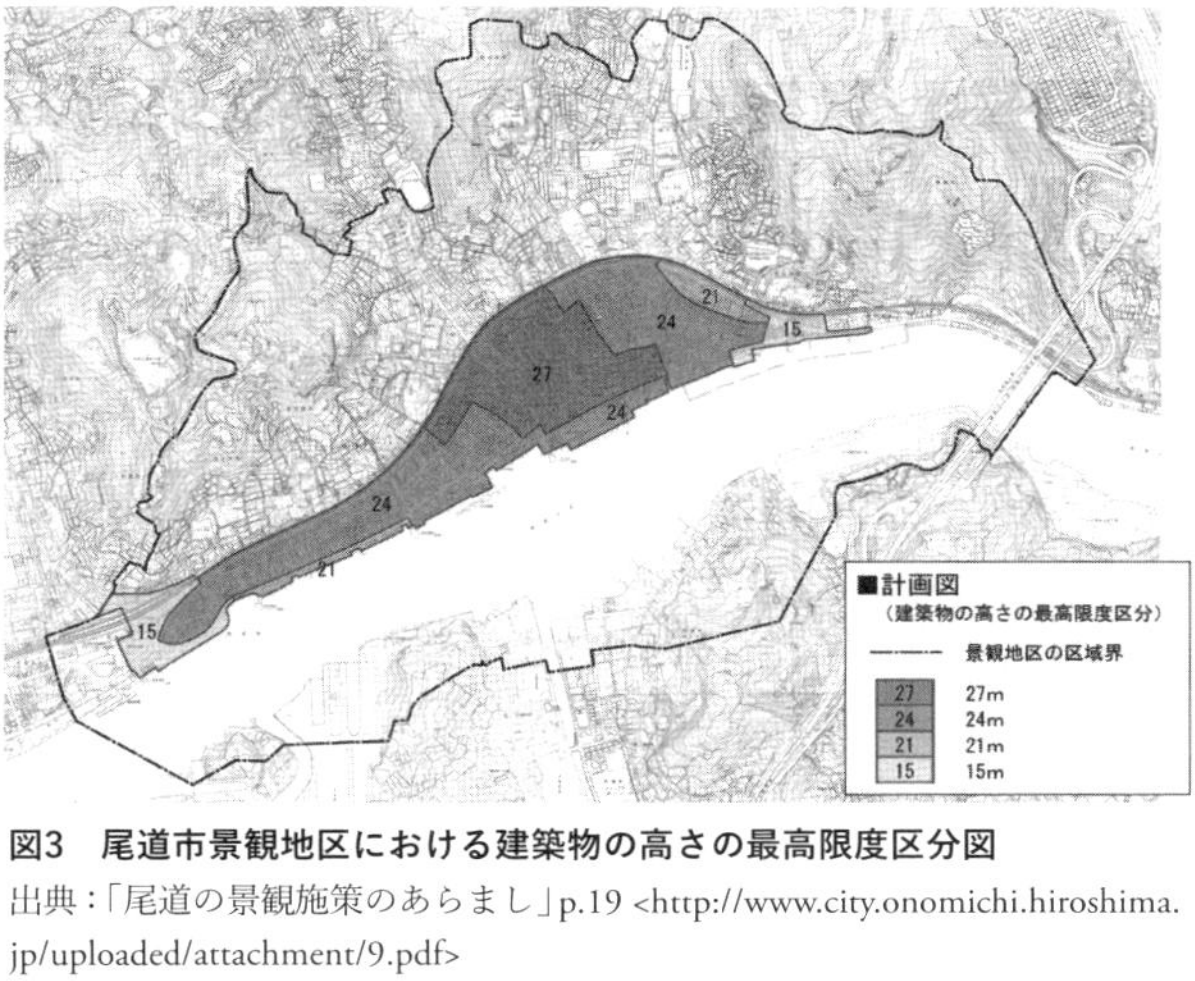

図3　尾道市景観地区における建築物の高さの最高限度区分図
出典：「尾道の景観施策のあらまし」p.19 <http://www.city.onomichi.hiroshima.jp/uploaded/attachment/9.pdf>

地区）と尾道水道の対岸である向島地区とに分けられている。心に残る眺望景観を守るための規制に重点が置かれ、建築物のスカイラインの形態意匠のコントロールに力が注がれている［★1］。たとえば、五つの主要な視点場および眺望対象に関する良好な景観を守るための高さ規制が景観計画に明記されているほか、ＪＲ山陽本線から海側の中心市街地ゾーンでは建築物の高さの最高限度が一五、二一、二四および二七メートルのいずれかに定められている（図3）。

このところ、神奈川県小田原市や東京都新宿区のように、景観上の理由で建築物の高さを厳格に規制するための手短な手法として高度地区の指定が全国で進みつつあるが、尾道市の景観地区はさらに一歩突っ込んで、形態意匠と並行して高さ規制の論拠を考え、施行するという新しい幅をもった施策展開の可能性を広げてみせたのである。

眺望景観の保全施策

眺望保全に関して、尾道市計画地区ほど総合的に景観計画や景観地区を駆使した計画・地区指定はなされていないので、これは新しい一歩を踏み出した計画であると言える。

ここまで踏み込んではいないものの、眺望を重視した景観計画や景観条例は各所で見られるようになっている。たとえば、神奈川県横須賀市の眺望景観保全区域（図4）や青森県のふるさと眺望点［★2］、富山県のふるさと眺望点［★3］、長野県景観条例の中の優れた風景を眺望できる地点（景観資産）などである。

こうした眺望点の保全は北海道小樽市、ニセコ町、神奈川県逗子市、秦野市、静岡県静岡市、三島市、兵庫県芦屋市、加古川市など広く全国に広まりつつある。鎌倉市の景観計画では三三の眺望点を明記し、それぞれの地点ごとに眺望景観の保全・創出の方針を定めている。

また、東京都の景観計画では、特定街区や総合設計制度、再開発等促進区、都市再生特別地区、高度利用地区などの都市開発制度を適用する建築物に関して、その規模がぬきんでて大きくなる場合が多いことを勘案して、景観シミュレーション等を事前協議の中で義務づけることを明記している。都市開発にかかるインセンティブを、景観上の検討の後に与えるか否かを決定する仕組みがようやく整いつつあるのだ。
　事前協議に際しては大規模建築物等景観形成指針が定められ、周辺の建築群との統一感あるスカイラインの形成などが明記された。この点も重要であるが、ここでは、都内の主要三地点（国会議事堂、迎賓館、絵画館）からの眺望の背景を保全するための具体的な地区が画定され、建築物等の高さの最高限度が定められた（図5）。わずか三地区に限定され、さらには都市開発諸制度を適用する場合に限るとはいえ、開発の圧力の高い首都の都心部で眺望の背景保全のための法的な規制が実現したことはこれまでにない一歩前進だということができる。［付記　のち丸の内からの東京駅の眺望が追加された。］
　そして極めつけは京都市の眺望景観創出条例（二〇〇七年三月二三日）である。この条例は「特定の視点場から特定の視対象を眺めるときに視界に入る建築物等の高さ、形態及び意匠について必要な事項を定める」（第一条）ものであり、大規模建築物のみならず、あらゆる建造物に適用される点が特徴的である。条例は眺望景観保全地域を定めるとしており、同地域はさ

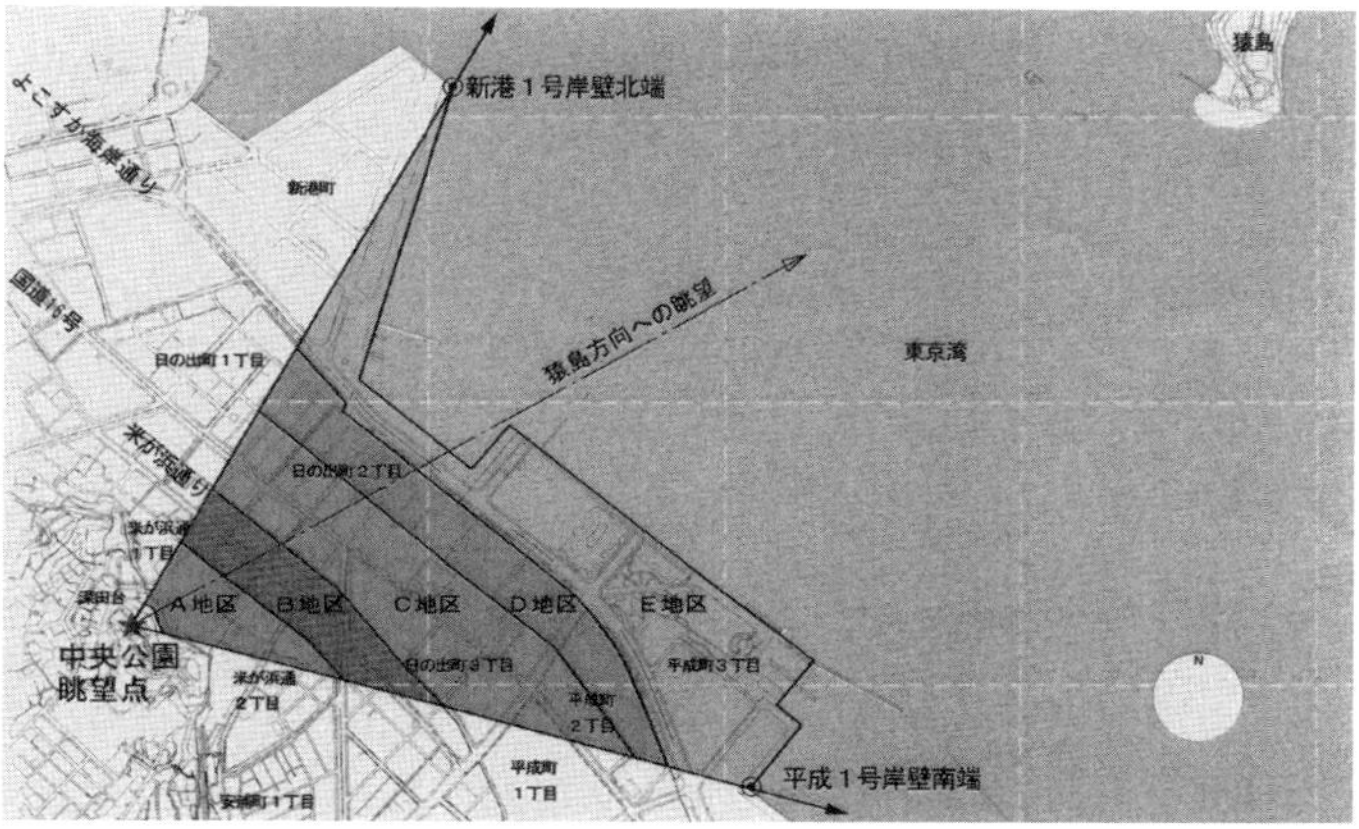

図4　横須賀市中央公園眺望景観保全区域図
出典：横須賀市ウェブサイト <http://www.city.yokosuka.kanagawa.jp/4815/keikan/jorei/documents/zu1_1.jpg>

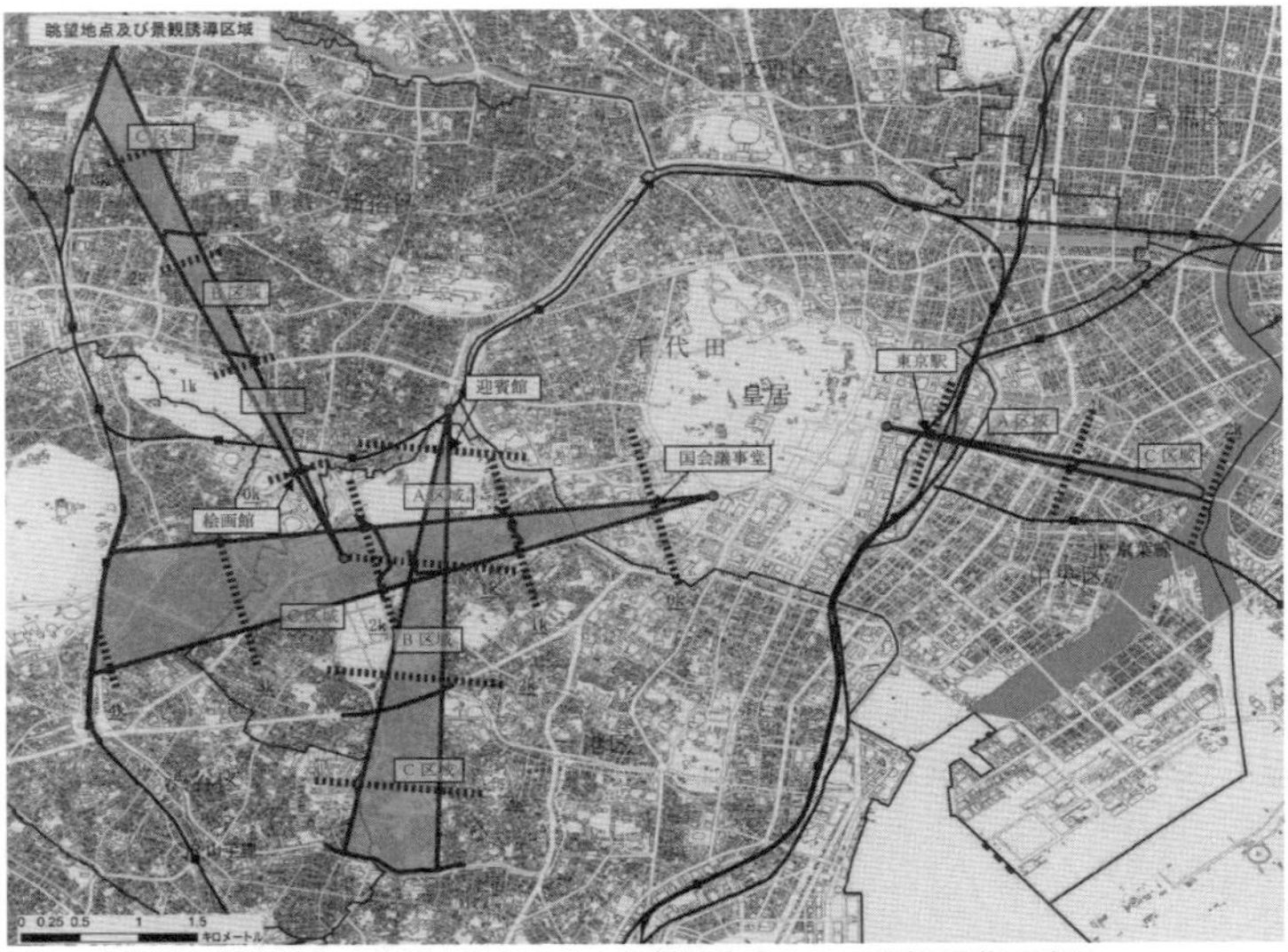

図5　東京都景観計画における4地点からの眺望保全のための景観誘導区域図

出典：「東京都景観計画」2009年4月版、p.137

らに眺望景観保全区域、近景デザイン保全区域及び遠景デザイン保全区域に分かれている（第六条）。もっとも厳しい眺望景観保全区域では、「視対象への眺望を遮るあらゆる建造物の建築等を禁止する」としている。

京都市では、すでに二〇〇六年一一月に出された『時を超え光り輝く京都の景観づくり審議会最終答申』において、「都名所図絵」などの文献資料や市民意見募集で集められた眺望景観や借景の視対象候補五九七件のうちから、緊急に保全施策を講じる必要のある視点場と視対象を組み合わせた三八カ所を抽出しているが、この三八カ所が条例にいう眺望景観保全地域の指定候補として想定されているのである。［付記　二〇〇七年九月に三八カ所が指定された。］

このことは単に眺望景観にまで規制の関心が広まったというだけでなく、ゾーニングによる二次元的なコントロールを脱して三次元的な規制へ規制手法が充実してきたこと、あるがままの良好な景観をある意味で静的に評価するだけでなく、市民による公共の視点場への接近という行動をもとにした規制へともの考え方が拡大してきたことを意味している。さらにいうと、良好な景観を味わうことのできる場の公共性そのものへと意識の重心が移りつつあることをも示している。

京都市ではこの眺望景観創出条例のみならず、従来あった景観関係五条例の改正、都市計画の変更、新景観計画の策定などによって総合的な施策運営が行われている。

すそ野を広げる景観配慮の動き

冒頭から議論が細かな制度にわたることになってしまったが、景観に配慮すべきという世論は、こうした景観法に依る制度の広がりのみならず、むしろ一般的な都市政策や土地政策、住宅政策のうちにも浸透してきているのである。こうした動きの方がさらなる景観配慮を求める次なる施策へと繋がりやすいという側面もある。

やや旧聞に属するが、社会資本整備審議会の答申『都市再生ビジョン』（二〇〇三年一二月二四日）では、都市再生へ向けた政策の基本的な五つの方向の一つに「良好な景観・緑」と「地域文化」に恵まれた「都市美空間」の創造をあげている[★4]。そして、「都市美空間の創造を図っていくためには、街全体の風景や維持保存・再生すべき街並み景観のあるべき姿・あり方の共有、個々の建築行為や公共施設整備にあたっての美観への配慮、更には住民・NPO・企業等による美化活動やタバコのポイ捨てをしない住民一人一人の美意識に至るまで、様々なレベルで取り組む努力が必要である」と述べられているのである。元来インフラ整備を目的とした国の審議会の答申が路線の変更を宣言しているのだ。

観光立国行動計画（二〇〇三年七月）には一地域一観光とそのための「美しい国づくり」の推進と身の回りの良好な景観形成が強調されており、これらの目標へ向けて基本法である観光立国推進基本法が二〇〇六年一二月二〇日に成立し、翌二〇〇七年一月一日より施行された。二〇〇七年六月、同法が定める観光立国推進基本計画も閣議決定された。

この基本計画（案）の中でも、国際競争力の高い魅力ある観光地の形成にあたっては良好な景観の形成が不可欠であるということが謳われている。具体的には、「良好な景観の形成について、景観法に基づき、市町村の景観行政団体への移行、景観計画の策定等を推進し、社会資本整備重点計画に目標が掲げられた場合、それを達成する。また、重要文化的景観の保全に関する活動を奨励する。さらに、道路の無電柱化率を平成一九年度末までに一五パーセントに高めることを目標とし、電線類の地中化等を進める」と明記している。いかに調整型の計画とはいえ、景観整備が大目標として掲げられている事実は大きいということができる。

また、二〇〇七年六月一五日に公にされた『国有財産の有効活用に関する報告書』においても、東京二三区内の庁舎の有効活用の基本方針の中に、①財政健全化への貢献、②危機管理能力の強化に続いて③環境・まちづくり・景観への配慮があげられているのである［★5］。

環境アセスメントの分野でも、環境影響評価法のもとで定められている環境影響評価の項目および手法の選定指針についての基本的な考え方を示した基本的事項において、景観要素は「人と自然との豊かな触れ合い」の一つの要素としてのみ見なされている。この点を改め、多くの市民に身近な都市景観をも国法のアセスメントの対象とすべく、技術ガイドの改定へ向けた議論が二〇〇五年度より進められており、二〇〇七年度に入って改定が現実味を帯びつつある。［付記　環境省は二〇〇八年三月、「環境影響評価技術ガイド景観」をまとめた。］

住宅の分野でも、二〇〇六年六月に施行された住生活基本法に基づき、住生活基本計画（全国計画）が同九月一九日に閣議決定されているが、この中で別表二として定められた居住環境水準の項目には、「安全・安心」に次いで「美しさ・豊かさ」があげられている［★6］。具体的には「地域の気候・風土、歴史、文化等に即して、良好な景観を享受することができること」と記されている。

景観の問題は景観法のもとでの諸制度が動き始めたことも重要であるが、それ以上に、各分野での議論に景観からの視点を盛り込む点に貢献している。さらにいうと、国も良好な景観を正面から「国民共通の資産」（法第二条第一項）と評価したことから、景観や風景を所与のものとしてとらえるだけでなく、自分たちが守り、創り上げるものであるといった世論が醸成されつつあると言えるだろう。その中で、景観の資産としての公共性と価値とを見抜く視点が鍛えられつつあるのだ。

景観がもたらす魅力の価値を分析する

しかし一方で、景観法の施行によって景観規制が土地の有効な高度利用を妨げることになるのではないかという懸念が経済界を中心に表明されている。

その代表的な意見として、規制改革・民間開放推進会議による答申の文面をあげることができる。たとえば、同推進会議の第一次答申（追加答申）（二〇〇五年三月二三日）において、「景観規制により、土地の有効な高度利用が損なわれることのないような制度上、運用上の対応が必要である」［★7］とされ、この点に関する具体的施策として、景観規制が「結果として容積率や建築物の高さなど希少な都市空間を過度に抑制する方向で機能しないよう、景観価値と景観価値を守ることにより失われる利益の双方を分析する手法について分析を行うべき」［★7］ことを明言している。

同様の指摘は、第二次答申（二〇〇五年一二月二一日）およびそれらを踏まえた「規制改革・民間開放推進三か年計画（再改定）」（二〇〇六年三月三一日閣議決定）においても一貫して述べられている。

こうした規制緩和の議論に対抗して、良好な景観がもたらす価値を明示的に表現し、その利益を法的に保護せしめるに足る確固とした論理を早急に組み立てる必要がある。

規制改革・民間開放推進会議の指摘に答えるための検討結果を、二〇〇七年六月、国土交通省都市・地域整備局は『景観形成の経済的価値分析に関する検討報告書』として公にした。同報告書によると、分析手法として取り上げたヘドニック法［★8］とコンジョイント分析［★9］について、限られたデータからではあるが、いずれも景観が地価の形成にある程度の影響を及ぼしていることを一応の結論としている。なかで、コンジョイント分析において景観規制誘導措置に対する世帯の平均支払意思額は、戸建て住宅の購入価格の約三割に相当するという試算も紹介している[★10]。

こうした景観の価値分析はようやく緒に就いたばかりであるが、一時かしましかった規制緩和の論議に明確な対抗軸を示す意味でもこれから充実させる必要があるだろう。

実感的には、優れた景観の魅力的な住宅地の地価形成は多分にその良好な景観に依っているのであるから、少なくとも長期的な土地取引の市場では十分に地価に反映されていると考えられる。こうした庶民の実感を学問的に検証する必要がある。また、そのような風通しの良い市場を作り上げていくための制度改善の努力も必要である。

景観問題は、特色のある地区の美化であるという旧来の考え方からよほど遠くまで影響を及ぼし始めている。動き出した世論が今度は市場の実態を変える力として働くことになるのかもしれない。舞台はまだ第一幕の半ばなのである。

註

★1　尾道市景観計画にいう五つの主要な視点場・眺望対象とは、①天寧寺三重塔上→新尾道大橋および尾道大橋(大橋手前の水道屈曲部)、②浄土寺前→千光寺、③文学公園(志賀直哉旧居)→尾道水道(向島の海岸線)、④向島の渡船乗り場など海岸部→千光寺、浄土寺多宝塔、⑤尾道駅前(歩道橋上)→千光寺山である。

★2　青森県のふるさと眺望点は県の景観計画には明記されていないが、県景観条例に定められており(第二一条)、一九九九年三月に県内の市町村から各一カ所ずつ、合計六七カ所を選定している。

★3　富山県のふるさと眺望点も青森県同様、県の景観条例において定められている(第三七条)。ただし、青森県とは異なり、県景観審議会眺望点選定部会が春・冬部門の指定候補視点を一一地区選び、この中から県民の投票によって地区指定を確定しようというものである。二〇〇七年七月三日までがインターネットによる投票期間となっている。

★4　その他の四項目とは、①サステイナブルな都市構造、②世界都市・地方都市のそれぞれの再生、③安全・安心な都市、④官民協力による都市の総合マネジメント、である。

★5　さらに続いて、④利用者利便や業務の能率性の向上、⑤民間の知見・手法の活用、⑥公明かつ透明な手続きが列挙されている。

★6　上記二項目に続いて列挙されているのは、「持続性」と「日常生活を支えるサービスへのアクセスのしやすさ」である。

★7　規制改革・民間開放推進会議『規制改革・民間開放の推進に関する第一次答申（追加答申）』二〇〇五年三月二三日、「II分野別各論、11住宅・土地・環境」の項。

★8　土地資産額のデータから地価関数を推定し、この場合では景観整備がもたらす土地資産の増加分で景観整備の便益を計算する方法。要素別の計測が可能であるが、非利用価値を推し量ることは困難である。

★9　この場合、景観構成要素と支払意思額との複数の組み合わせのうちから好まれるものを選択してもらうことにより、支払意思額を推定し、便益を計算するという手法。景観要素別に計測が可能であるが、調査が膨大となる難点がある。

★10　『景観形成の経済的価値分析に関する検討報告書』国土交通省都市・地域整備局、二〇〇七年六月、九二頁。なお、ヘドニック法・コンジョイント分析以外に景観形成の価値分析に用いることが可能な手法として、CVM（仮想市場評価法）、代替法、旅行費用法、産業関連分析などがあげられている（同、三頁）。

（二〇〇七年七月）

8 東京駅とスカイツリーに思う

二〇一二年一〇月一日、五年の歳月をかけた赤煉瓦の東京駅の復原工事が完了し、一般に公開された。グランドオープンのあと、東京駅の見物客だけでなく乗降客も大幅に増えているという。東京駅効果は営業利益ベースで年間一〇〇億円近いという試算までなされている。

今年になってダイバーシティ東京、渋谷ヒカリエ、東京スカイツリーと大型の集客施設のオープンが相次ぎ、東京はひとり勝ちのちょっとした観光ブームの様相を呈している。とくに東京スカイツリーはマンションでもスカイツリーが見える向きの部屋の人気が高い（したがって分譲価格が高い）など、人気が高く、東京に新しい元気を与える社会現象ともなっている。

東京スカイツリー開業と東京駅再生というふたつの出来事を並べて、その人気の意味とこうした現象をどう考えるかについて論じてみたい。

東京駅の再生は既定路線ではなかった

東京駅が復原再生された今となってはやや信じ難いことではあるが、東京駅を復原するという考えはかつて、必ずしも誰もが当たり前のことと思うような既定方針ではなかった。それどころか、赤字にあえぐ一九八〇年代半ばの国鉄にとって東京駅丸の内口という日本でもっともプレスティージが高いオフィス街の核心地区に低い容積の使い勝手がよくない駅舎が立っているということは非効率の象徴のようなものであっただろう。これまでにも幾度か再開発の声が観測気球のように上がっては消えていた。

一流の建築家たちの間にも新しい駅舎のデザインを実現することを望む声は小さくなかった。赤煉瓦の

再生された東京駅丸の内駅舎
2013年

東京駅が大正時代に当時の建築技術の粋を集めて造られた建物であるとしたら、昭和の時代には昭和の時代の知恵の粋を集めた建物として東京駅を作り替えていくことが、新生東京を支えることであり、現代の建築文化を後世に伝えるということではないか、というのがおもな主張だったように思う。

すべてを革新し、過去を凌駕してしまうような勢いのバブル景気の中でこうした意見は奇妙な正当性を獲得し、東京駅が本当に消えてしまうかもしれないという危機感が市民の間にも広がってきた。とりわけ一九八七年四月の国鉄の分割民営化によってこうした懸念は現実のものとなっていった。

そうしたなか、同年一二月に「赤レンガの東京駅を愛する市民の会」(筆頭代表高峰三枝子氏、三浦朱門氏)が結成され、再開発でもかさぶた保存でもない真正な東京駅の保存を求めた市民運動が始まったのである。その活動は国会請願や保存を求める一〇万人の署名活動などにとどまらず、東京駅に目を向けてもらうための写生会の開催（この活動は後に東京を描く市民の会（一九九二年、理事長前野まさる氏）の結成へと繋がった。建物の保存運動がこうした「描く会」の設立に至る例は世界的にも珍しい）、夢の復原のためのアイディアコンクール、オリジナル絵はがきの販売などユニークな活動を続けてきた。

とりわけ秀逸なのは二月一四日のバレンタインデーに愛する会の女性陣が東京駅を訪れ、東京駅長はじめ関係者にチョコレートをプレゼントすることを毎年続けていることである。現場の鉄道マンには赤煉瓦の東京駅への愛着は強いこともあって、現場レベルでの保存への共感は徐々に築かれていったと言える。

世論の後押しもあり、東京駅を保存すべきという声は急速に広がっていったが、ファサード保存から、完全復原まで、保存にもさまざまなレベルがある。とりわけ議論となったのが、戦災の影響で三階部分とたまねぎ型のとんがり屋根を失った東京駅をかつての姿に戻すべきか、それとも見慣れた現在の姿（つまり戦後の応急修理の姿）を戦災と復旧の歴史を後世に伝える建物としても活かしていくという保存方法をとるべきかという選択だった。

最終的にはＪＲ東日本と東京都との間で完全復原をすることで合意が形成された。一九九五年のことだった。

ただし、五〇〇〇億円にものぼる復原工事費をどのように捻出するかという問題を解決する必要があった。これまでの文化財の制度では、修理費の一定割合を国が負担するという仕組みはあったが、それ以上の支援策はなかった。東京駅のように規模の大きな建物の場合、工事費の一部補助では所有者の負担があまりに重くなってしまうのである。

おまけに保存された建物は周囲の建物と比較して延べ床面積が限られており、したがって、収益を上げることのできるスペースが不足せざるを得ない。

ここで登場したのがアメリカの開発権移転制度（ＴＤＲ）の日本版である特例容積率適用地区制度である。二〇〇二年、東京都は大手町・丸の内・有楽町地区約一一七ヘクタールを同地区に指定し、一定の条件のもとで地区内の容積率の移転を可能としたのである。これによって東京駅は周辺の新開発ビルに東京駅で未だ利用されていない容積率の部分を売りわたし、その売却益を復原工事費に充てることができたのである。

この後東京駅は二〇〇三年に国の重要文化財に指定され、建物保存は動かない事実となった。

こうした四半世紀に及ぶ保存への各方面の努力の末に今日の復原なった東京駅があるという事実を忘れないようにしたい。建物は単純に建っているだけで保存されるわけではないのである。

東京スカイツリーの個性とは何か

一方の東京スカイツリーはどうか。

超高層ビルの林立のせいで、より高い電波塔が必要だという声は一九九〇年代から言われるようになった。そこへ地上デジタル放送への移行による新しい電波塔の必要性が加わり、新タワーの構想は急速に具体化していった。二〇〇三年に在京の放送局六社によって六〇〇メートル級の新タワー推進プロジェクトが進められ、一〇あまりの提案の中で二〇〇六年に東京都墨田区押上業平橋駅（現、とうきょうスカイツリー駅）周辺に建設することを最終的に決定した。次点はさいたま新都心だった。

東京スカイツリーは二〇一二年五月二二日に開業した。総事業費は約六五〇億円と報道されている。開業前からマスコミが熱心に取り上げたことは東京駅の場合と同じだった。開業からの一週間で予想を上回る一六四万人が訪れたという。六三四メートルという世界一の高さを誇る電波塔としてギネスブックにも搭載された。

東京スカイツリーは、その未来的なスタイルと最新のテクノロジーによって、停滞する日本社会の中で久々の明るい話題として急速に社会に受け入れられた。高層ビルがその高さ故に厳しい批判にさらされてきたのと比較して、スカイツリーは高さに関する批判がないばかりか、むしろ類例のない高さとそれを実現させた建築技術に関する賞賛ばかりが目につく。

確かに夜のスカイツリーのイルミネーションは饒舌過ぎず、幻想的でとても美しいし、シンプルなそのシルエットにも高度な技術と形態美とが融合した姿を見ることができる。さらに、完成直前の二〇一一年三月に強烈な地震に襲われたにもかかわらず、びくともしなかったタワーの構造設計はまさしく賞賛に値する。

これらのすばらしい資質にもかかわらず、東京スカイツリーのプロジェクトははたして諸手を挙げて賞賛して良いものかどうか、再検討の余地が残っていると言える。

第一に、東京スカイツリーに代表される現代東京のスカイラインが今後の都市のあり方として望ましいのかどうか、という問いである。

世界一の高さを競うような都市のスカイラインは二〇世紀の風景であって、二一世紀がめざす都市の姿ではないという批判はこれまでにも言われてきた。高さを競うのではなく足もとの環境を競うという姿勢こそ二一世紀の都市の姿ではないか、という主張である。とすれば、それはまさしく東京駅の再生の姿ではないのか。

第二に、百歩譲って上に伸びるスカイラインが不可避なものとしても、それが現在地に建つことが望ましいのかどうか、という疑問が残る。

スカイツリーの立地に関するいくつもの提案の中で現在地が選ばれた背景には下町を応援することがあったと言われるが、スカイツリーがあたりを睥睨して建っている姿が下町を大切にしているのか、という点に関しては疑問が呈されるだろう。

また、スカイツリーの建設が下町のグランドデザインの中で描かれているわけではないという点も指摘できる。たとえばエッフェル塔を見てみると、足もとはパリ万博の公園として整備されている。つまり、エッフェル塔は単に高い塔がたまたま都市の一角に建っているというのではなく、都市構造の中に緑の空間軸を挿入し、新しい眺望景観を提供することによってしっかりと都市の中に根を張って、都市を活かすものとして機能しているのである。

日本でいうと、札幌のテレビ塔や名古屋のテレビ塔のように都市軸のアイストップとして機能している塔はエッフェル塔と比肩できるだろうが、東京タワーや東京スカイツリーは足もとの環境の改善にはほとんど寄与していないのではないか。少なくとも東京のふたつのタワーが周辺地区にとって公園のように機能しているというわけではないことだけは確かである。東京の両タワーとも、都市のグランドデザインの中に位置づけられてはいないのである。これも、東京駅が丸の内のグランドデザインの中に見事に位置づけられているのとまさしく好対照である。

東京都墨田区の業平小学校南の交差点から北を見る。東京スカイツリーに突き当たる通りの無電柱化が進み、タワービュー通りと名づけられた
2017年

両者の比較から見えてくること

過去をテーマとした東京駅と未来をテーマとした東京スカイツリー、水平的デザインの東京駅と垂直的デザインの東京スカイツリー、というまったく方向性の異なった、しかしほぼ同じ事業規模のふたつの建設プロジェクトが、二〇一二年という同じ年に完成したことは単なる符合なのだろうか。確かにそうかもしれないが、偶然の符合であることを超えて、いくつかの象徴的な意味をもっているとも言える。

第一に、まったく対照的なプロジェクトがいずれも消費者の人気を得ているということは、消費者にもさまざまなタイプがあるということを考慮に入れたとしても、消費者の嗜好がプロジェクトの話題性やデザイン性の高さなど、プロジェクトの表層的な特徴に左右されているということである。

両プロジェクトのグランドオープン時の過剰な殺到は、刹那的な消費者が新しい行楽地に浮遊してきているに過ぎないのかもしれない。新しい人気スポットへの集中は、単に従来の人気スポットから単純に人が移ってきているだけではないか。これは、単に古くなった人気スポットの陳腐化の裏返しであって、何ら新しいニーズを生み出していないということかもしれない。

しかし、確かに短期的には浮遊しているように見える消費者も、中長期的に見ると別の見方ができるかもしれない。二度目三度目と繰り返し訪れるかどうかという点で見ると、飽きの来ない設《しつら》えになっているかどうかという点が新たな評価軸として浮かび上がってくるだろう。そのとき、いかに単体のプロジェクトだけでなく、地域全体として魅力向上のための努力をしているかは重要な判断基準となる。それは、周りの人間がどれだけ当事者として関わったかといった評価軸と繋がることになる。

また、単体のプロジェクトを取り上げても、歴史の重層性を感じられるということは、訪れるたびに新たな発見があるということでもあるが、それは復原再生をテーマとした東京駅にまさにぴったり当てはまる。東京駅はこれから古びることによって価値を増していくが、東京スカイツリーはこれからは価値が低減していくばかりではないだろうか。あるいは東京スカイツリーもエッフェル塔のようにいつの日か東京のイコンとなるのだろうか。

ただ、モダン都市東京がすべて東京スカイツリーのようなモダンデザインで埋め尽くされたとしたら、便利で刺激的ではあるだろうが、おそらく東京という都市自体が底の浅いインスタント都市のような印象をもたれることになるのではないかという気がする。

東京の想いの深さとこだわりの本気さを多くの人に実感してもらうためにも、再生なった東京駅は必要なのである。

しかしそれも、再生の物語を知らないとすると、感動も半減するだろう。東京駅は多くの人びとの想いがあったからこそ、残ったのである。その物語が東京駅をさらに魅力的にしていく。

（二〇一三年一月）

9 都市はわたしたち共通の家である——居住原理からの再出発

都市をつくるものとしての住宅?

住宅が都市をつくる基本の単位だということはあまりにも当然である。しかし、住宅が集まるとそのまま都市になるのだろうか。巨大な住宅団地やのっぺりとした郊外はできるかもしれないが、それでは一人前の都市とは呼べないだろう。

では、何が足りないのか。

土木屋はインフラのネットワークだというだろう。建築屋は都市を都市たらしめるモニュメントが不可欠だというだろう。都市計画屋は都市施設の総合的なコーディネーションが必要だというかもしれない。こうした技術屋の意見に耳を傾けるだけでなく、他の立場のステークホルダーの声も聞く必要がある。政治屋はガバナンスが基本だというだろうし、社会学者は文化の表象が欲しいと論陣を張るかもしれない。ビジネス界は投資環境が整わないと関心をもってくれないだろう。

このように、住宅だけでは何が不足なのか、何があると都市と言えるようになるのかに関してさまざまな立場からの都市論が展開されることになる。議論の立て方は十人十色のように見えるが、じつはよく見ていくといくつかの共通した主張にまとめられることに気づく。それをかつて私は三つの原理としてまとめた——すなわち、統治原理・経済原理・居住原理の三つである[★1]。

統治原理・経済原理から見た都市

都市空間はある意味で、法の支配のもとにある強制と支配の中で統治されている空間である。近代国家を成り立たせるためには市民的なルールがないと、都市は単なる烏合の衆以上のものにはならない。個々の住宅も都市計画法や建築基準法、さらには各種の条例の規制から自由であるわけにはいかない。好むと好まざるとにかかわらず法のもと、都市空間は一定の方向へ誘導されているのである。

これにマクロな視点からの都市施設が布置されていく。街路空間はある意味で政府によるガバナンスを象徴する空間として演出されているのである。都市の目抜き通りを考えてみるとそのことは容易に理解できる。

統治原理が為政者の視点に立った都市のコントロールをめざすものであるとすると、もう一方の経済原理とは、資本主義体制下の市場メカニズムに代表されるような競争と取引の原理である。少なくとも商業地域や業務地域、工業地域の土地利用変化の根元にあるのはこうしたピュアでドライなルールである。

都市空間というものを複数の土地利用の可能性の中から特定の土地利用の様態を選択するという性格のものであると見るならば、このような経済原理は普遍的な原理であると言える。都市の街路風景というのは、ある意味で、こうした競合の現時点でのバランスを表現したものである。

ただし、そこには公正な競争とフリーなプレイヤーとしての各主体の存在が前提とされていることを忘れてはならない。独立したプレイヤーといえば聞こえは良いが、言葉を換えるとそれは同時にアトム化したばらばらの個々人でもある。そしてそこに貫徹しているのは強者の論理なのだ。

居住原理から見た都市

都市は経済的な競争のアリーナであり、そうした競争をコントロールする統治の場である。

しかしそれと同時に、都市は人びとの住む場でもある。いやむしろ、人びとの住む場であることが最初にあって、そのうえに経済や統治の原理が働いて一つの都市空間をつくり上げるといった方がよい。つまり、都市の居住原理はより根源的な原理として存在するのである。

個々の住宅は、一定の住環境の確保といった観点では自己完結した論理をもっていると言えるが、単独の住宅を数多く寄せ集めただけでは居住地区を形成することはできない。区画街路があり、広場があり、各種の都市施設が整っていることが居住地区を維持していくためには不可欠である。そしてこうした地区に相互依存しつつ住み続けていくための最低限のコミュニティの存在が欠かせない。そこで前提とされるのはアトムとしての個々人ではない。協調し、共感し合う中で互いに集まって住み続ける居住者たちの姿である。

つまり、地区レベルでの合意と協働、連帯に基づいた居住原理が生活の場としての都市を形成していくためにはまず初めに必要なのである。

ところが、今日の都市を見ていると、往々にして第一原理たる居住原理が経済原理や統治原理のもとにないがしろにされているようである。たとえば、経済的な市場の競争原理こそが最適な居住原理を導いてくれるといった主張や詳細なローカルルールの設定こそが地域社会のガバナンスを保障してくれるといった主張がその典型である。

ふたたび居住原理からの出発を

現在、私たちに求められているのは今一度地域社会から出発して、都市空間に血肉を取り戻すための行動を起こすことである。ふたたび、私たちは第一原理たる居住原理から出発しなければならない。それは、空間の言語でいうならば、地域にコモンズとでもいうべきスペースやメカニズムを創出していくことである。

比喩的に表現するならば、都市や地域を「わたしたち共通の家」[★2]と実感できるような状況を生み出していく必要があるのだ。

「わたしの家」の意味するものを取り違える人はあり得ない。しかし、「わたしたち共通の家」という表現を理解するのは困難である。これは単に駅前をまちの玄関と見立てたり、街路を廊下と考えたりすることを意味しているわけではない。もちろんそのような考え方もあり得るが、ここでいいたいのはさらに広く、まちなかの空間を自分たちの共有のものと実感する感性を育むべきだということである。都市をコモンズとしてみる眼差しを獲得するということが必要なのである。

自分の家を掃除するのにボランティアも何もない。参加や合意形成の議論はない。なぜなら自分の家を大切に扱うのは家族にとって当たり前だからだ。これと同様の感覚を自分たちの居住地全体に対してもつことができないだろうか。

たとえば、歴史的建造物の保存運動を考えてみる。これまで気にもとめなかった建物だとしても、壊されるという段になって改めて見直すと、また別物に見えてくるだろう。ましてやその建物の価値や歴史を知るとさらにそうした気持ちは強くなるに違いない。このとき、くだんの歴史的建造物は関心を抱く市民たちの頭の中では一個人の私的所有物であることを超えて、「わたしたち共通の」資産と見なされるようになっている。一個の歴史的建造物が「わたしたち共通の家」、すなわちコモンズの一部として実感されるようになったのである。

公共空間をつくる居住原理

都市とは本来、このようにコモンズとして実感されるものであるはずだ。少なくとも居住原理に依拠した本来の集住地はそのようなものだっただろう。

しかし、あまりに近代の所有観念の中にどっぷりと浸かってしまった現代の都会人たちはこうしたコモンズの実体からはるかに遠いところで日々生活している。コモンズとしての都市の実感をもちにくいことが問題なのである。

こうした問題に対処するために、ひとつは居住原理から生まれる地域の多様な空間を自分たちのコモンズとして受容するような文化的な運動を繰り広げる必要がある。祭礼の場再興などがその典型である。他方、居住原理を突き詰めることによって、コモンズ的な空間を意識的に生み出し、物理的な空間の側から都市のコモンズを実感できるように演出するということも重要である。

とりわけ建築関係者に求められるのは、後者のアプローチだろう。「自分の家」を超えて、「わたしたち共通の家」を実感できるような空間デザインが随所に生まれるとすると、コモンズとしての都市も実体あるものになっていくだろう。こうした努力を意識的に行うこと、そのことによって経済原理や統治原理と緊張感をもって切り結ぶ居住原理の存在が明解になる。「みんなのもの」としての公共空間がいとおしく見えてくることになる。実体としての公共的な空間、みんなの居場所だと実感できる空間を都市を大きな家だと考える発想の先に具体的に提示してみせること——住宅の問題は単体としての住処の問題にとどまらず、大きな家としての都市を考えることに繋がっていかなければならないのである。

（二〇〇七年九月）

註

★1　西村幸夫「コモンズとしての都市」、『岩波講座　都市の再生を考える七 公共空間としての都市』（岩波書店、二〇〇五年）所収。

★2　西村幸夫「まちづくりの視点」、西村幸夫編『まちづくり学——アイディアから実現までのプロセス』（朝倉書店、二〇〇七年）所収。

第3章

観光とまちづくり

1　観光政策から見た都市計画

二〇一〇年六月一八日に閣議決定された政府の「新成長戦略──「元気な日本」復活のシナリオ」において、観光立国・地域活性化は環境・エネルギー、健康、アジアと並んで躍進が可能な柱の一つとして強調されている。このところの尖閣問題でややかげりはあるものの、長期的に見て中国からの観光客が今後の地域振興の一つの大きな可能性として各地で実感をもって受け止められてきている。

しかし、これまでの都市計画の枠組みでは観光問題はほとんど対象とならずにきた。では今後、どのような努力を払う必要があるのか考えてみたい。そのためにはまず、両者の没交渉の歴史を振り返ることから始めなければならない。

1　これまでの観光政策と都市計画

従来の観光政策の多くは観光関連産業政策であった。したがって都市計画行政の範疇に直接には入らないのは当然であった。それに、都市計画側では観光地のためにインフラ整備を行うよりも、都市問題が激化している地域でのインフラ整備の方が公共性が高いという判断があっただろう。観光地のインフラ整備は観光関連産業が自ら実施すればよいという考えもあったかもしれない。

一方で観光政策側も、観光地そのものの整備には直接の力が入っていなかった。観光地自体、当時の『観光白書』の表現を借りると、「観光資源」としてとらえられており、観光関連産業を支える資源の一つであった。観光地の土地利用規制を観光政策のもとで運輸省観光部が実施できるわけではなかったからである。

ここで見ることができる構図は、ちょうど中心市街地の活性化の議論とよく似ている。いずれも産業政策と産業立地の都市計画上の問題との狭間で総体的な対策が打てないでいたのである。

そのうえ観光の場合、観光地としての発展は観光事業者が責任をもつべきであり、公共の役割は限定的であるべきだという考えもあり、さらに観光地としての発展が地域の日常生活に悪影響を与える場合もあるなど、土地利用の公共性を重んじる都市計画として対応に躊躇せざるを得ない場合も少なからずあったと言える。観光のような「娯楽」を都市計画の対象としてとらえることに対する消極姿勢も場合によってはあったかもしれない。

観光政策が入込観光客数や観光消費額の増減など、比較的短期の計測値で施策が左右されるのに対して、都市計画は長期の安定した施策によってようやく実現されるものであるという政策の射程距離の違いも大きい。

そもそも観光政策は観光客に応対するような対外的な施策が中心であるが、都市計画は居住者のための対内的な施策が中心である。

さらに、観光地はいわゆる観光資源周辺の景観整備や周辺地域の自然環境の保全など総合的な地域環境の質、それも他と差別化された個性的な質を問題にするのに対して、従来型の都市計画では質を差別化するという発想はほとんどなく、量的な充足がまずは求められた。

このように従来は観光政策と都市計画は主要な観光地以外ではあまり接点をもたず、別の世界で機能してきたということができる。

2　観光政策と都市計画の新しい関係

しかし、近年はそのようなことは言っておれなくなってきた。そしてその事情も中心市街地活性化の場合とよく似ている。

都市間競争の中で都市計画を考えなければならないのと同様に、観光地間の競争の中で観光政策を考えなければならなくなってきたからである。ハードもソフトも駆使して地域の魅力づくりをしなければならないという面でも中心市街地と観光地は共通の課題を背負っている。

こうした共通の状況が生まれてきた背景として、観光政策側にもうひとつの事情がある。従来は旅行業者など観光産業側がツアーを造成してきたのに対して、近年はインターネットを利用した情報収集や宿泊予約が主流となってきたということである。

C・ティボーのいう都市間の「足による投票」が、観光地間では「個人客による投票」として、むしろ都市間競争よりもさらに深刻な、時によっては国際的な観光地間競争として顕在化してきたのである。

観光地間の「個人客による投票」という競争の場では、観光地としての組織的な対応が要請されることになる。これまでのように旅行エージェント頼みや観光事業者がおのおの独自の営業努力を続けていれば、その総和として観光地が向上するといった予定調和的な仮説が成り立たなくなってきたのである。ここに近年声高に叫ばれるようになってきた「観光まちづくり」の一つのみなもとがある。

同時に、観光地ではない一般の都市や農村、住宅地においても観光の問題は地域振興の重要な手がかりの一つとして見なされるようになってきた。ここにも「観光まちづくり」を進める強い動機がある。

一般に観光地とは考えられていないところでもエコツアーなどのかたちで新しい観光交流が現実化して

きており、これは多くの場合、産業政策である以前に地域の元気を取り戻すまちづくり運動の一環と考えられている。都会的なものが何もないということ、言い方を換えると都市計画事業が実施されていないことそのものですら、いわゆる観光資源となり得るのである。

中心市街地活性化の場合には、新しい法律を作り、中心市街地を特定して、組織づくりを進め、基本計画を内閣総理大臣が認定するといった施策の方向性をある程度指し示すことが可能であるが、観光の場合それが容易ではない。観光地は必ずしも線引きできる地域とは限らないうえ、「観光まちづくり」のようにどこでも観光は可能だと言えるからである。

さらに、既成の観光地においても観光産業に従事する人とそうでない人との間には利害の対立や意識の違いが存在するため、統一した行政施策が立案しにくいという側面もある。観光地の整備のために公共投資を実施したとしても、恩恵を受けるのは一部の観光関連事業者だけではないかという事業の公共性の問題もある。

比較的短期的な観光政策と長期的な都市計画をどう調和させるかという根本的な課題も残されたままである。

3　これからの両者のあるべき関係

では、こうした状況のもとで観光政策と連携した都市計画はどのようなものであるべきか。以下、何点か指摘したい。

第一に、都市の「魅力」づくりをベースにした都市計画である必要がある、ということである。

近年の都市計画行政は景観法や歴史まちづくり法などにみられるように量の充足から質の充実へと広がってきていることも事実である。中心市街地の再生もその土地の魅力なしには達成し得ない。ただし、これらの法制度は従来の都市計画の法制度とは異なる法域のもとに実現されており、言ってみれば都市計画制度として不十分であることを前提として成立している仕組みとなっている。

――これでいいのだろうか。さらに一歩踏み込む必要があるのではないか。

たとえば、都市の魅力づくりを都市計画の主たる目的の一つとして謳うことが必要なのではないか。少なくとも、周辺との調和がとれた都市づくりということはこれからの都市計画の基本的な命題であるべきだろう。

ところが、現在の都市計画の目的は、「国土の均衡ある発展と公共の福祉の増進に寄与すること」（都市計画法第一条）とそのために、「適正な制限のもとに土地の合理的な利用」（同第二条）を図ることとされており、右肩上がりの開発時代のスタンスが基本となっている。

魅力づくりを都市計画の目的の一つに据えるということは、都市の魅力をどう定義するか、それをそれぞれの都市で具体的な中身として内実のあるものにすることができるか、という問題を解くことを意味している。そして、観光の視点は、この問いを解く一つの手がかりを与えてくれる。魅力のあるまちにこそ人は訪れるのであるから、これは当然のことであるとも言える。

しかし、観光における魅力といってもことはそう簡単ではない。たとえば、先述したように「その場所になんにもないこと」や「適度に不便であること」すら土地の魅力となり得るのであるから、魅力の内実とそこへ向けた達成目標をあらかじめ決めてしまうことはほとんど不可能である。

しかもそれまでの政策的努力が入込観光客数などの統計値ですぐにチェックされ、比較的短期のうちに見直しを迫られるという性格のものなのである。

都市計画はあくまで物的計画であるから、ソフト施策に関わることは難しい。しかし合意形成のプロセスを経ることによって、ハード施策のソフト化とでもいうことが可能なのではないだろうか。

たとえば、中心市街地活性化法でも歴史まちづくり法でも計画を国が認定するというプロセスがある。

地元担当者が計画立案に関して汗をかくというこうした仕組みを広く観光政策にまで広げるという方策である。これによってソフトとハードのバランスがとれた都市施策が観光の面でも進むということが期待できる。目的へ向かって最善を尽くし議論を尽くすということ自体、立派なソフトなのである。

計画を国が認定するとなるとまた地方分権の侵害だという議論が出てくるので、認定は都市計画審議会のような組織であってもいいだろう。ただし、都市計画審議会が正しく機能すればの話であるが。

じつは、都市計画の分野はある意味で地方分権の優等生でもあるのだが、意思決定にあたってもっとも重要であるべき都市計画審議会が硬直化し、うまく機能していないという重大な問題をはらんでいる。この問題は地方議会の機能回復の問題とも密接に関わっている。ここの部分の目立った改善がなされないことには、ソフト施策とハード施策の融合ということは難しい。

ところが、観光の問題はこのような審議会での議論や合意形成に関して、具体的な目標や課題設定を可能とし、そのための施策の有効性の検証も比較的やりやすいという特長がある。

つまり、多くの人が訪れてくれるような魅力的な都市を造る方向へ向いているかどうか、そのためのソフト施策とハード施策が連携しているかどうか、短期施策と長期施策をバランスさせているかどうか、結果の検証が容易であるかどうかなどに関して、具体的ですぐにでも実施可能で、誰にでもわかりやすいチェック項目を設定することが観光政策では可能だからである。

このように観光政策は都市計画を魅力づくりへ向かわせる一つの大きなエンジンとなり得るのである。

4　順応的管理の発想で

第二に、観光政策を対象とすることによって都市計画の中に柔軟でより短期的な試験的施策を取り入れることに繋がるという変化が期待できる。

観光政策は比較的単純な指標で成果が短期のうちに表れるので、短中期的な施策がいかにタイムリーに打てるかという点は重要である。ところが一方で、都市計画はそれほどフットワークよく変われないし、変わるべきでもないと言うこともできる。ふたつの相異なるパラダイムを接合することは可能なのか。

ここで参考となるのは、自然再生事業のような自然を相手にした施策である。自然を一挙に改変してしまうと後戻りができないので、慎重に少しずつ手を下して、モニタリングを行いながら次の施策を考える、という姿勢である。これを自然保護の分野では、順応的管理adaptive managementと呼んでいる。この思想はそのままソフトとハードが融合した観光政策などで応用可能である。

じつは土木の分野でも古くは「見ためし」と呼ばれるように少しずつ効果を見ながら工法を試して、先に進めていくという事業のあり方があった。これを都市計画の分野に取り入れることを考えるべきだということである。

もちろん都市計画の分野でもＰＤＣＡサイクルということがよくいわれるようになってきてはいる。これも一種の順応的管理であると言える。ただ、ＰＤＣＡサイクルと表現してしまうと、対象に対する親身となった様子見、というニュアンスがかけ落ちてしまうように感じる。外部のプランナー用語だからだろう。

問題は、観光の場合のように、自分たちの物理的経済的環境に対して、自らの問題として関わり、手を出して変えていこうという主体の存在である。こうしたマネジメントを内在させるような都市計画制度を築いていく必要があると考える。

別の表現を用いると、こうした順応的管理手法とは、たとえば入込観光客数や観光消費額といった成果としての数値を横目で見ながら観光政策を順次適合させていくという、いわばパフォーマンス・ベースの都市計画、すなわち都市計画への性能規定の導入の提案でもある。

そこから第三の視点が導かれる。

5 「満足度」の指標

それは、二一世紀の新しい都市計画の仕組みには新しい指標として「満足度」のようなものが必要であるという主張である。

従来の都市計画制度は基本的に安全で快適な居住や移動の自由の確保といった都市における基本的な人権にあたるものを維持し、向上させていくために構築されてきたと言える。これこそが都市計画における「公共の福祉」だったからである。

もちろんそれは大義としては現在も生きているが、それだけで過不足がないのかというと問題は別である。人びとがこれからの都市に期待するものは、たとえば魅力的な都市生活のサービスやアクティビティの充実など、良質な居住と移動の確保以上のものだからである。

この一つの側面を観光政策の側から取り上げることができる。そしてそれは都市に対する満足度を高める総合的施策として、来訪者の側からだけでなく生活者の側からも評価できるシステムとなり得るものであろう。

つまり、観光政策は最終的に来訪者の満足度に依存しているが、こうしたパフォーマンスの基準としての満足度を都市計画の仕組みとしても導入していくことによって、より広範な現代人の現代的ニーズに適合した都市計画制度が構築されていくことになるのではないかということである。

第一の論点にあげた都市の魅力の問題も、突き詰めると都市生活に対する満足度の一部と言うこともできる。ここで確かに言えるのは都市計画はいかに物的なものであったとしても、最終的に人間の側から見たものさしで測られるべきものだという点である。

ただし、満足度をどのような指標で測り、どのように合意していくのか、という難題もある。そのためのモニタリングの仕組みが大切となる。ここで、順応的管理の手法と合意形成の手続きの工夫が試されることになる。

もちろん都市生活の満足度は都市計画だけによって達成されるものではないし、そうあるべきでもないだろう。つまり、観光の問題だけでなく、先にあげた商業や自然保護の問題、さらには福祉などの社会保障の問題など、都市生活の満足度をめぐって都市計画の近接領域とどのような協調体制が組めるかという点にまだまだ深めなければならない課題がある。それらが相まって都市生活の満足度として表現されることになるからである。

しかし少なくとも、都市計画のさらなる総合化の一端を、観光政策は担うことができるということは確かである。

（二〇一一年二月）

2　歴史を活かしたまちづくりと観光

日本の町並み保存運動が研究の出発点

専門は何ですか、と聞かれたときは「都市計画」と答えることにしている。所属している都市工学科はまさに都市計画の専門家教育機関として日本初の組織であり、都市計画が専門だというに相応しいところである。

しかし、当初から私は都市計画に対して違和感を抱いていた。都市計画一般というより、私が学生時代を過ごした一九七〇年代当時、教えられていた都市計画に対して違和感を抱いていたのである。

当時の都市計画とは、ひとことで言うと、都市の古くさい過去を否定し、輝かしい未来をもたらす計画技法と考えられていたのであるが、私にはどうしても身の回りの生活の記憶や過去との繋がりを消していくような計画が良いものとは思えなかった。

その頃出会ったのが、当時黎明期にあった町並み保存運動だった。まちの歴史を活かすようなまちづくりを進めることによってまちに元気を取り戻す運動である。そこに都市計画の新しい可能性を見たのである。

いや、正直に言うと、日本の古い町並みの魅力にとり憑かれ、日本各地の集落町並み発見の旅に仲間たちと出かけたかっただけなのかもしれない。ただ、訪れた各地で魅力的な景観だけでなく、まちづくりの魅力的なリーダーたちに出会い、勝手に自分にとっての先生だと見定めて、研究を始めたのである。その意味では、各地の歴史的町並みがそのまま青空教室だった。

「観光まちづくり」へ

こうして町並み保存運動を都市計画的にバックアップするということを進めていくうちに、物理的に歴史的な建物や通りを保全できたとしても、そこが空き家ばかりになってしまうのでは意味がないという事例に何度となく突き当たるようになってきた。モノの保存だけではまちはなかなか救われないのである。

もちろん結果として保全された町並みが観光地となって地域経済を潤すという事例は以前からもあったが、まちづくりのリーダーたちは観光を目的化することを極端に嫌っていた。まちづくりは生活環境を守り、今後に活かすためにボランティアで行うものであって、ビジネスのために観光を目的として行うものではない、自分たちのためにまちづくりを行うのであって、外部からの来訪者のためにまちづくりをやるのではないという論理である。

確かにその主張自体は正しいが、どのまちにも必ず過去からの経緯というものがあり、まちづくりがフラットな現場から出発しているものであるとも限らない。また、町並み保存が一定の成果をあげると、必然的に来訪者が増えてくるが、その先のマネジメントはまちづくりとは無縁だとも言えないものである。

こうして私は次第に、歴史を活かしたまちづくりと観光との接点に研究上も必然的に接近していくことになった。さらに言うと、まちの魅力を再発見して、まちづくりを進めることは、歴史を活かすことにとどまらず、新しいネットワークづくりやコトおこしにも広がっていくものとなっていった。

その一つの発現が「観光まちづくり」という発想だった。

まちづくりの側が観光を次第に受容していくと同時に、観光の側も個々の競争を乗り越えてまちづくりへ接近していっているという実感がこの言葉を生み出す契機となった。一九九〇年代後半のことである。「観光まちづくり」の発想を議論している場には、当時、運輸省観光部企画課長だった本保芳明氏（現首都大学東京教授）や湯布院の桑野和泉さんなどがいた。

私自身は、都市を経営するという視点を内部化することによって、モノ中心の都市計画を一回り大きくしていきたいと考えていた。並行して、「都市保全計画」という計画技術あるいは学問分野とも言えるものを確立しようと努力していた。これが当時の私のスタンスだった。

『観光まちづくり』の編集・執筆

こうしたなか、財団法人日本交通公社研究調査部（当時）のメンバーの協力を得て、「観光まちづくり」という用語を初めて使った書籍『観光まちづくり――まち自慢からはじまる地域マネジメント』（学芸出版社）を二〇〇九年に出版することとなった。

この本は、「まちづくりから観光に至る道筋」を私の研究室を中心としたメンバーが事例と共に紹介し、同時に「観光からまちづくりに至る事例」を梅川智也研究調査部長（当時）はじめとして財団法人日本交通公社のスタッフが執筆するという協働作業で進められた。

協働作業は有意義であったし、出版された本もそれなりに社会に受け入れられたと言えるが、両チームの意図が一〇〇パーセント一致するというわけにはいかなかった。その意味で実験的な書物であったとも言える。

その理由は、たとえば、観光の専門家はえてして「旅行商品」という言い方をするが、まちづくりの対象として当該のまちを見ている私たちにとって、そのまちを商品の一つと考える見方には到底馴染めない、といった心情的な立場の違いがあったからである。

確かに冷静に考えると、いかにまちづくりを主体的に行っていたとしても、来訪者側からすると、来訪先として考えられる数多くの選択肢のうちの一つであり、それが旅行の中である種のパッケージ化がされるわけなので、商品というような客観化は当然のこととも言える。それはわかっていても、まちの側からものごとを考える身にはそれはとても受け入れ難い表現だった。

それは「着地型」というような表現にも当てはまる。着地するのは来訪者であって、けっして地元住民ではないからだ。まちの側から見ると、「地元発意型」とでも言ってほしいものである。

現在のインバウンド観光に直面して

こうして私は町並み保存運動から次第に観光へ接近していくこととなったが、近年の圧倒的なインバウンド観光の圧力は、これまでの状況を大きく変えそうな勢いである。観光の経済的位置づけも以前にも増して大きくなり、観光がまちづくりの一部となることに異論を差し挟む人は以前よりはるかに少なくなってきた。本の副題とした「まち自慢からはじまる地域マネジメント」のまち自慢もインバウンドの目から見たまちの再発見まで広がりつつある。アウトリーチや地域の将来戦略も国際化が著しい。

新しい研究の基盤が生まれつつあるということを日々実感している。


（二〇一六年七月）

3 自治体観光政策とまちの未来図

一時期の中国人による「爆買い」は収まってきたようであるが、インバウンドの伸び、それに伴う観光消費額の伸びは未だとどまるところを知らない状況である。訪日外国人旅行消費額は二〇一五年度に初めて三兆円を超え、三兆四七七一億円となり、前年比七一・五パーセントという高い伸びを見せている。二〇一二年度に初めてこの値は一億円を超えたところであるが、三年で三倍を超える伸びである。

これに伴って、観光は産業セクターとしても重視されるようになってきた。国は訪日外国人旅行者数と同旅行消費額の目標値を二〇二〇年に四〇〇〇万人、八兆円、二〇三〇年に六〇〇〇万人、一五兆円と掲げ、旗を振っている。文化遺産や国立公園の仕組みを観光に結びつける日本遺産やナショナルパークの仕組みを作って、重点的な財政支援が開始されているのをはじめとして、地方創成交付金の交付対象事業においても観光振興事業に予算がつきやすくなってきている。DMO［★1］の問題については、成果はまだ見えないものの、各地で議論だけは盛んに行われている。

それぞれの自治体にとっても明確な観光政策を立案して、主体的な地域マネジメントの一環として観光をとらえなければならない時期に来ていると言える。

自治体にとって観光を扱う難しさ

これまで、観光地を有する自治体にとっては地域政策として観光の問題は重要であったが、それ以外のほとんどの自治体にとっては地域の観光プロモーション以上のものではなかったと言える。地域全体の情報発信は官も担うが、個々の商売は民が個別に努力すべきだ、という仕分けである。

また、地域の観光プロモーション以上に踏み込もうとしても、売り込むべき資源が正確には把握されていなかったり、公平性の観点から個別事業者の応援はしにくかったり、観光産業セクターよりも地元にとって重要な産業セクターが存在していたりしたからである。

確かに、観光産業の多くの部門は短期的な収支によって動くビジネスであり、その面での支援は行政には不向きであるだろう。公平性の観点からも官民の役割分担ということからも、官の役割は地域全体でのイベントやプロモーションに偏りがちであった。

しかし、ここまでインバウンドの経済的影響が目に見えて伸びてくると、地域政策としても産業政策としても、観光にこれまで以上に正面から対処していく必要が生まれてきている。――では、そのために自治体は何をすべきなのか。

ここで考えなければならないのは、観光が有する固有の問題点についてである。観光は他の産業セクターとは同じ平面で考えることができない部分がじつに多いのである。

たとえば、ステークホルダーが多様であること。

何をもって観光とするのか、という点に明確な線が引けるわけではない。都会や田舎の当たり前の暮らしや農業も、さらには地元のものづくりの工場も見方を変えると観光のポテンシャルをもっているかもしれない。事実、いろいろなところで地域の魅力の掘り起こし作業は地道に行われている。

これらと既存の観光施設、観光産業、観光組織をどのように一体として扱うことができるのか。多様なステークホルダー間の連携はどの地域においてもじつに乏しいのが実情である。観光や交流の中にまちづくりの新しい可能性を感じている集落やまちづくり組織も少なくないが、そのことと既存の観光協会の活動とは大きなへだたりがある。そもそもこれだけ多彩なステークホルダー同士が連携しなければならないものなのかという点でも答えがない。

一方で、地域経営という視点から考えると、観光によるプラスの経済効果をいかに持続可能な方法で地域に還元していくかは自治体にとって重要な課題である。

しかし、ことはそれほど容易ではない。従来からの観光事業者は、事業収支を短期で評価し、ビジネスとしての採算性を重視して動いているが、自治体としてはより長期の視点に立って地域の課題に対応する必要がある。ただ、入込客数や販売額などの具体的な結果が短期で数字として出てくるために、従来型のお役所仕事ではなかなか対応できないということになる。

また、観光地として選ばれ続けるためには不断の努力と創意工夫が必要であるが、定期の人事異動があるお役所仕事ではなかなか務まらないことになる。ツーリズムビューローなどにおいても、専門家育成面で同じ課題がある。

他方、地元との関係においても観光政策は難しい問題を抱えている。

観光事業に関わっていない地元住民にとっては、観光客は招かれざる客という側面がある。観光シーズンには道は渋滞し、まちにはゴミがあふれるという苦情である。観光もまちづくりという側面があるが、地元にとってはまちづくりは住民のためにあるのであって、ゲストのために自分たちの生活が影響を受けるのは本末転倒だという意見である。

ましてや「旅行商品」といった表現で、自分たちが住むまちや生活そのものが、「商品」として消費されたり、比較対照されたりすることには抵抗があるだろう。

そもそも地域の歴史や文化、自然は多様なので、これを横並びで「自治体観光政策」として論じることがおかしい、という意見もあるに違いない。

では、自治体にとってあり得べき観光政策とはどのようなものなのか、それは本当に一つにまとめて論じることができるものなのか、そもそもあり得べき観光政策というものは存在するのか。

まちの未来図から始まる観光政策へ

私は永年、地域のまちづくりのお手伝いをしてきたが、その経験からすると、まちづくりの先の一つの方途として観光がある、という実感をもっている。

まちづくりとは、地域でこれからも暮らしてくことに自信がもてるような施策を実行することだと言える。そのためには、生業や生活環境が安定していることといった基盤が重要であることは言をまたないが、それだけでなく、地域の将来に夢をもち、地域の環境に誇りをもてることが欠かせない。夢のない地域の未来に希望はないし、誇りのない地域の未来は退屈である。

では、地域の将来に夢をもち、地域の環境に誇りをもつためには何をすればよいのか。

第一にやるべきことは身の回りの資源、資産に真剣に目を向け、地域を見直すことを通して地域と向き合うことだと思う。地域の歴史や文化、自然を掘り下げるなかで、自分たちにとって自慢のできるものや誇りと思える物語に出会うはずだ。

そうした物語を見出すことのできない地域などは存在しないと私には断言できる。私自身、今まで出会ってきた数百のまちで、心動かされる物語が見出せなかったまちはなかった。そうした資産を見抜く目がくもっているか、そうした資源に心動かされる感性を失っているか、あるいは自分の住んでいる地域はあまりに当たり前のために、そうした発見の対象として見ていないからである。

そして多くの場合、地域の生活の中にこそ、地域資源が眠っている。なぜなら、地域の生活とは地域の歴史、文化、自然の中で紡ぎ上げられてきたものだから。地域資源というものを特別視する必要はない。ライフスタイルという日常当たり前のものを深掘りするなかから見出していくことができるものなのである。

こうした地域固有の物語を確認し、地域で共有していくプロセスはまちづくりの根幹であり、このプロセスを仕掛け、動き出すことを支えることが、まちづくりにおける行政の役割である。自治体職員もひとりの住民として、地域固有の資源を見出す感性を磨く必要がある。

地域の物語を地元で共有するためには、いろいろな工夫が必要だろう。

地域の物語を発見するプロセス自体をうまくデザインして、共同作業の中で合意が形成されてくる仕組みを内在させておくことも、自治体側で工夫できることだと思う。地元のＮＰＯなどとの協働の中で、楽しく前向きにプロセスを運営していくことなどができると、さらにいいだろう。

もちろん、なかには新しいイベントを造り上げていくなかで新しい仲間を増やしていくことや、アートなどこれまでにないものを地域に取り入れることによって、地元にある種の化学変化を起こしていくというようなことも効果的だろう。

しかし、いずれの場合も、地域と正面から取り組むことから生まれたものでなければ、多くの方の賛同を得ることも難しい。その結果、長続きが期待できないことになる。深い地域理解が基本なのである。

地域資源の発掘から他者との共有へ

こうして、地域の歴史や文化、自然を手がかりにした地域資源の物語が形作られてくると、それを地元で共有するだけでなく、誰か他の人にも話したくなるのは人情というものだ。

これこそ、ボトムアップで生み出される観光の出発点ではないだろうか。この過程にうまく自治体が関わることによって、自治体の観光政策が生まれることになる。

つまり、自治体の観光政策は、地域のまちづくりの延長線上に、まちの未来図を描くことのなかで練り上げられていくものだと言える。

したがって、自治体観光政策の基本は、地域の物語に共感してくれるような、（おそらく他の地域の物語の当事者でもある）理解者ともいうべき人たちに向けて発信されるものとなる。

なぜなら、そのような人たちは、それぞれの地域で別のライフスタイルを（自覚的に）生きているのであるから、自分以外の地域のライフスタイルにも敏感に反応してくれるからである。

自治体観光政策における観光プロモーションとは、そうした未来の仲間とも言える人たちに向けた手紙のようなものであるべきだと思う。

まちの未来図は、しかしながら、まさに絵に描いた餅のようなものなので、これに地域経営としての現実味をもたせる工夫が必要である。その手法は他のマネジメント手法と大差はないが、地域の物語から出発するという基本だけは踏まえておく必要がある。その意味では、自治体の観光政策は文化政策に近いと言える。いわばまち自慢から出発する前向きな文化政策なのである。

いかに観光振興が地域創成の原動力として予算がついたとしても、以上のような基本をはずしてしまうと、単なる現状肯定に基づく安易な地域再生策に陥ってしまう。地域の生活という尽きない資源を軸に、地域の個性を地道に磨き上げるという王道をとることが自治体観光政策には求められるのである。

（二〇一六年一二月）

註

★1　Destination Management/ Marketing Organization の略。MにMarketingを加える場合もある。日本版ＤＭＯとは、観光地経営の視点から観光事業者だけでなく多様な主体が協働して活動する組織のこと。

4 観光とまちづくり

これまで相性が悪かった「観光」と「まちづくり」

どう考えてもこれまで「観光」と「まちづくり」は相性が悪かった。

――観光は基本的にビジネスであるが、まちづくりは基本的にボランティアである。

――観光は入込客数といった数値が厳然として現状を表すが、まちづくりにはそのような数値基準は存在しない。地域の活性化といった漠然とした気分がある意味で関心事であり、これらを数値化すること自体あけすけな行為のように思えて気が進まないというのがまちづくり関係者の正直な気持ちだろう。

――観光は個々人の努力を基本に成立しているが、まちづくりはみんなで一緒にやることに意義がある。

――観光は地域経済が主たる関心事であるが、まちづくりの主たる関心は地域社会にある。ところが観光は地域社会とは摩擦を起こしがちである。なぜなら観光によって地域環境が劣化することが往々にして起こるからである。一方で、まちづくりは地域環境を大切にするものの、地域経済に対してはそれほど大きな力を持ち得ない。

このように観光とまちづくりは相容れない部分が多かった。

ところが近年「観光まちづくり」といった言葉がしばしば使われるようになり、両者の接点が関心事となってきた。かくいう筆者も二〇〇九年二月に『観光まちづくり――まち自慢からはじまる地域マネジメント』という編著書を上梓した（206頁参照）。どうしてこのようなことが起こってきたのだろうか。

観光からまちづくりへの接近

観光がまちづくりへと接近してきている現状は、温泉街を考えればよくわかる。

バブル景気までの温泉街はそれぞれの宿が借金をしても巨大なホテルへと変身し、温泉客を宿の中へ囲い込むことを競い合ったと言っていい。お互いの宿はライバルだった。こうした競争はパイが拡大しているときは機能するが、バブルがはじけて以降の日本社会では通用しない。立ち行かなくなったホテルが廃墟のように建っている温泉街でひとり勝ちしても温泉街そのものが沈没していくならば将来は明るくない。温泉街対温泉街の競争が始まっているのである。

温泉街同士の争いの場では、個々の努力もさることながら、いかに一体のまちとして温泉街そのものをもり立てていくかが命運を分ける鍵となる。そうした行為こそまさに「まちづくり」なのである。

こうした事情は何も温泉街に限ったことではない。

小樽、函館、喜多方、越中八尾、飛騨古川、白川郷、長浜、近江八幡、若狭町熊川宿、高野町、福山市鞆の浦、豊後高田——これらはいずれもこのところ観光客が伸びているまちである。これらのまちに共通しているもの、それはいずれのまちも歴史があり、まちとしての厚みがあることである。必ずしも超弩級の観光資源があるわけではないが、立ち寄りたくなるお店があり、魅力的な通りがあり、美しい風景があり、楽しげなまちづくり活動があり、話を聞きたくなるカリスマがいて、心躍る祭りがある、そんなまちなのである。

つまり、住みたくなるようなまち、そんなまちが人びとを引きつける。

こうしたまちは自由競争社会で生まれてくるわけではない。こんなまちに育ててきた住み手がいるのである。つまり、ここにはまちづくりがある。そんなまちが結果的に観光のうえでも活躍しているのだ。

これを観光の側から考えると、観光客に媚びたテーマパークをつくるのではなく、自分たちが楽しく住めるようなまちをつくること、そのことがそのまま観光客にも喜ばれる、そういったまちをつくることが肝要なのである。

これこそまさしく、観光からまちづくりへの接近である。

まちづくりから観光への接近

同時にまちづくりの側もこれまであんなに用心していた観光へ次第に接近し始めた。まちづくりがサステイナブルであるためには、経済的な自立が欠かせないが、そのためには何らかの収入が外部からもたらされる仕組みが必要となる。特産品のプロモーションや新しい名物の開発、消費者と直接コンタクトする産直などさまざまな方法が試みられているが、なかでももっとも効果的なのが来訪者の増大である。

まち自慢がそのまま地域のマネジメントとなるような手法が次第にまちづくり活動家たちに受け入れられるようになってきたのである。とりわけ将来の定住人口の増大が見込めないような地域では、交流人口へかける期待は大きい。地域のサポーターとして、半ば住人としてもまちに入り込んできてくれるような人をそれぞれのまちは求めているのである。

従来は、観光客というと自分勝手で、地域社会に理解がなく、ゴミと迷惑だけを置いていく異邦人といったニュアンスが強かったが、グリーン・ツーリズムやエコ・ツーリズムなど、そうでない観光のスタイルも増えてきた。また、従来型の観光客であっても訪問がきっかけとなって地域のファンとなってくれる人もいないわけではない。

観光がまちの新しい地場産業として次第に認められてきつつあるのだ。来訪者が増えることによってまちに活力が甦るということも各地で実証されてきている。

観光とまちづくりの新しい関係を求めて

今、「観光まちづくり」という新しい言葉とともに、観光とまちづくりの新たな関係を構築するときである。まちに元気を取り戻すためにも、住み手がいきいきとした暮らしを続けることができるためにも、まちが経済的にも自立していけるためにも、観光をうまく取り込んだまちづくりが要請されている。それはまた、従来型の観光の変革と再生にも繋がるのである。

（二〇〇九年二月）

5　震災復興とツーリズムの役割

二〇一一年度の『観光白書』が論じる大震災の影響

去る二〇一一年（平成二三年）六月一四日に閣議決定され、会期延長中の通常国会に提出される予定の二〇一一年度のいわゆる『観光白書』は、二〇一一年三月一一日に起きた東日本大震災を受けて急遽《きゅうきょ》、二〇一〇年度（平成二二年度）の観光の状況の第一部第二章に「東日本大震災の被害と復興に向けて」という項目を立てて、震災による観光関連の被害の状況とその後の復興へ向けた足取りを論じている。

たとえば、物理的な被害として東北六県の登録旅館・ホテルの四分の一が営業停止となり、多数が限定的な営業となったことが報じられている。さらに深刻なのは、広く報道されている通り、宿泊予約のキャンセルである。震災以降、三、四月の宿泊予約は東北地方で約六一パーセント、関東地方で約四八パーセント、日本全体でも約三六パーセントがキャンセルの憂き目を見ているのである。なかでも訪日外国人旅行者の数は震災発生の翌日から二〇一一年三月末までの二〇日間を見ると、なんと前年同期比七三パーセントもの落ち込みとなっている。

このように今回の大震災によって、観光がいかに地域の安全のもとに成り立っているのかを改めて浮かび上がらせることとなった。風評被害の大きさも指摘されているが、これも観光産業がいかに地域イメージのうえに成り立っているのかを明らかにしたと言える。良好な地域イメージを確立するのは容易ではないが、そうして苦労して打ち立ててきた地域イメージも一瞬にして潰え去るということがある、ということも今回の自然災害によって明らかになった。

また一方で、地域を支える産業として観光が重要な位置を占めていることが、今回の報道で明らかになったということもできる。閑古鳥が鳴く観光地やツアー客のいない首都圏の風景などに対する人びとの関心も高い。

さらに二〇一一年の『観光白書』は、もう一歩突っ込んで、復興に向けて観光が果たし得る役割について言及している。すなわち、観光は他の産業と比べると、復興の立ち上がりが比較的早く、ある程度のインフラの復旧があれば即戦力として経済効果を発揮し得ることを指摘しているほか、そうした立ち上がりの早さが雇用の確保に繋がることを強調している。

今後、地域イメージの救済に向けて、さまざまな誘客キャンペーンや商品のディスカウントなどが企画されていくだろうが、これを単に観光収入という経済効果だけから見るのではなく（観光地には赤字覚悟のプロモーションという側面もあるだろう）、訪問客が回復することによる雇用創出の効果を重視すべきであろう。

また、『白書』は中長期的な課題として、復興計画の中にあらかじめ観光の視点を入れておくことの必要性を述べ、さらに観光が生産移転できない地場に固有の産業であることを積極的に評価し、地域の将来計画の中に観光を地域性を表出する核となる産業であるとして、その重要性を力説している。

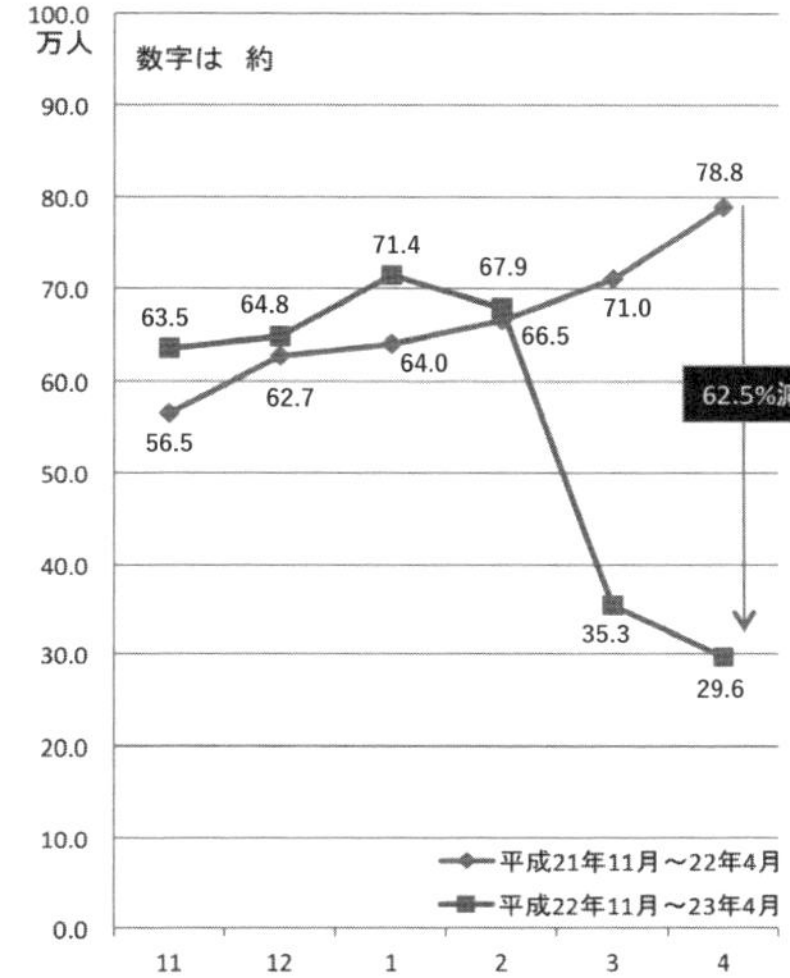

図1　訪日外客数の推移

出典：観光庁平成22年度版観光白書（概要）

さらに、ダメージを受けた観光がどのように回復していくかといった今後の予測に関して、『白書』は一九九五年に起きた阪神・淡路大震災の例をあげ、震災後にスタートした「神戸ルミナリエ」を引き合いに出して、このイベントの入込客数を算入することで、四年後の一九九九年に神戸市の入込観光客数は震災前の水準を超えるまでに戻ったことを論じている。「神戸ルミナリエ」の入込客を除外したとすると、震災前の水準まで神戸の観光客数が回復するまでには他の観光資源が同じだとして、一二年もかかっていることを示している。

つまりここで言えるのは、地域イメージを回復するための大規模イベントなどの仕掛けが、少なくとも神戸では成功したということである。災害などによって地域イメージに傷をつけることも一瞬のことであるとするならば、「神戸ルミナリエ」による夜の賑わいの創出といった目新しい経営戦略を立てることによって、地域イメージをV字型に回復することもあながち不可能ではないということである。こうした局面でも観光は大きな役割を果たすことができるのである。いや、観光こそこうしたV字型の復活の牽引役となることができる。

今回の震災が改めて気づかせてくれたこと

今回の大震災はさまざまな教訓を私たちにもたらした。その中で、観光の世界にも関連したものを拾い出してみよう。

まず言えることは、自然の驚異に対して謙虚であれということである。そして古くからの文化遺産は、松島といい、平泉といい、自然と寄り添うような位置に立地しており、今回も特段の被害が出ていない。自然の驚異に対して敏感であり、文化財の立地には知恵を絞って安全を確保しているのである。長い歴史を生き延びてきた観光地にはそうした知恵が詰まっていると言えるのではないだろうか。

第二に、地域が生きていくための基本的な要件に安心・安全があるということがあげられる。普段はあまりに当たり前過ぎて気づかないようなことでも、改めて災害のあとに見直してみると、安心・安全のための知恵がおろそかになっていないかということに目がいく。観光はこのあたりの感度が高く、変化に敏感に反応することが（ときに風評被害のような過剰反応もあるが）、今回の震災で明白になった。観光は安全・安心のリトマス試験紙になり得る。なぜなら、部外者にこそいちばん不安な箇所が目につくものだからである。

第三に、逆説的ではあるが、今回の震災直後の被災者の落ち着いた行動によって、日本には文化的で、かつ安定した社会が現存するということが雄弁に報道されたことである。この国には、自分の身の安全よりも顧客の身の安全を第一に考える従業員が少なからずいるということ、自分が避難する前に商品が散乱しないように身を挺して押さえるといった行動をとった売り子が（それもときにはアルバイトの売り子が）

自然と寄り添うような位置に立地する松島の島々

写真提供：（一社）松島観光協会

世界文化遺産に登録された平泉　毛越寺の浄土庭園

いるのである。それが口コミや防犯カメラの映像として何度も報道された。

これによって、皮肉にも日本の潜在的な安全性・安心感が広く認識されることとなった。日本の社会に対する好感度がアップしたことは確実だろう（政治に対する好感度はまた別だろうが）。これは長い目で見ると、今後の観光施策にとって相当のプラス要因として働くだろう。

第四に、すでに述べられたことであるが、日本経済における観光セクターの大きさが、非常時の急激な落ち込みという陰画としてではあるが、認識されたということは大きい。これまで質実剛健のものづくり大国、あるいはクールジャパンのソフト大国といったふうに描かれることの多かった日本という国が、観光という手づくりの地場産業の面で高い可能性を秘めているということが見えてきた。

現時点でのツーリズムの役割を考える

では、今回の大震災が私たちに気づかせてくれたことは、観光の今後の役割を考えていくうえで、どのような意味をもつと言えるのだろうか。

まず第一に、これまでも言われてきたことではあるが、観光の産業としての規模の大きさ、少なくない影響力が、失われた観光客数を通して、厳然と私たちの前に具体的な数値として表れたことを通して、一般の人びとにさらに明白に意識されるに至ったことがあげられる。

同時に、風評被害に代表されるように観光産業が地域イメージに左右されやすいこと、したがって地域イメージの注意深い管理と保持、さらには地域イメージが傷ついた場合にはその速やかな復旧が戦略的に重要であることがあげられる。神戸のルミナリエに見られるように、復興のための大規模イベントが傷ついた地域イメージを一掃することに効果が高いこと、さらには入込観光客数の復旧にも有効であることが示された。

また、観光は労働集約型の地場産業であるので、雇用創出効果が高く、復興の早い段階での経済的な手がかりとして有効であるということもできる。大規模イベントとそこでの雇用創出は観光が復興にあたって果たせる役割の有力な部分である。

一方で、大震災直後の被災した人びとの落ち着いた立ち居振る舞いは、日本が奥深い慎みをたたえた国であるということを図らずも広く世界に発信する機会ともなった。来訪者の立場からすると、日本は応援したくなるような心根の優しさをもった国と映ったに違いない。原発のほとぼりが冷めたら、癒しの国、つつしみ深い文化の国、そして長寿の国としての日本を積極的に発信することによって、これまでのマイナ

▼岩手県　岩手県における観光消費額は、第1四半期分(4-6月期)だけでも、岩手県の主要な工業の年間出荷額を上回っており、ブロイラーの年間出荷額の約8割6分となっている。

観光消費額と岩手県の主要な産業との規模観比較

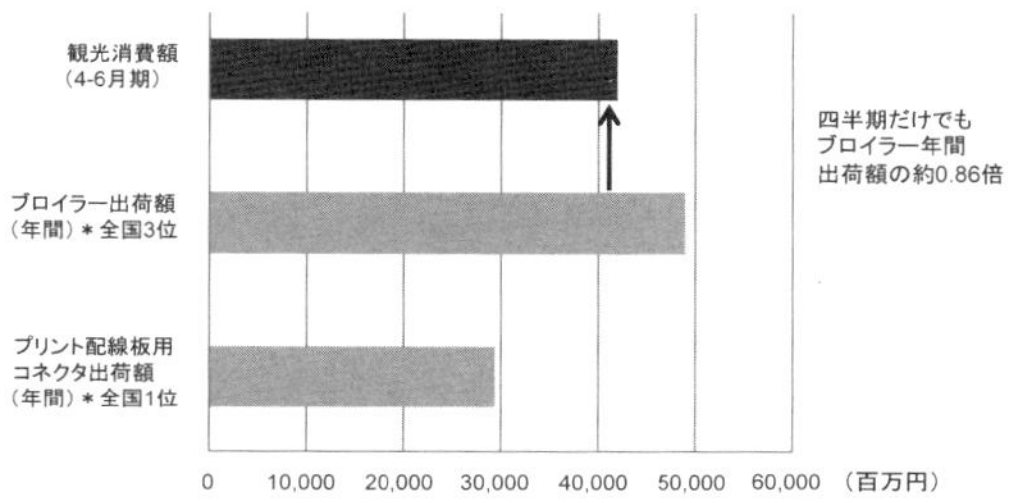

▼宮城県　宮城県における観光消費額は、第1四半期分(4-6月期)だけでも、宮城県の主要な産業の年間出荷額を上回っている。

観光消費額と福島県の主要な産業との規模観比較

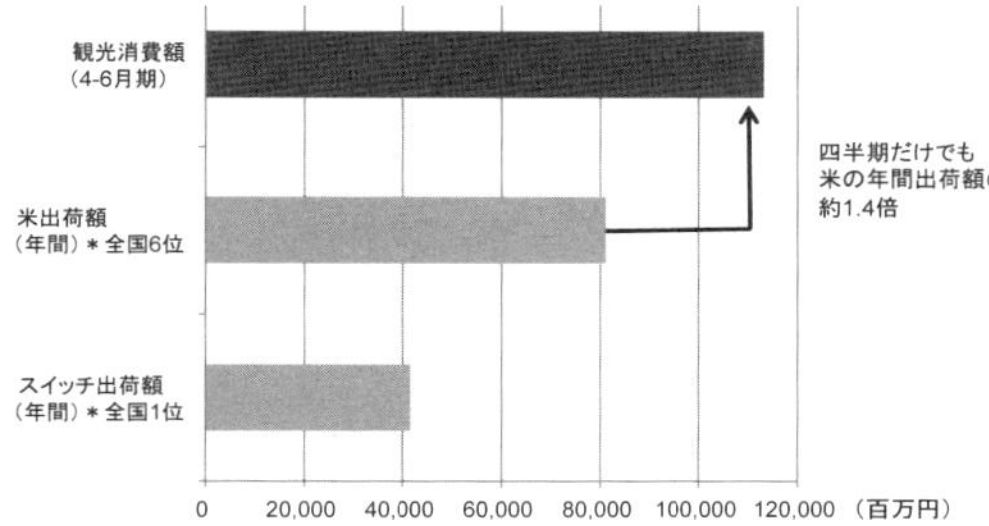

▼福島県　福島県における観光消費額は、第1四半期分(4-6月期)だけでも、福島県の主要な工業の年間出荷額を上回っており、米の年間出荷額の約9割5分となっている。

観光消費額と福島県の主要な産業との規模観比較

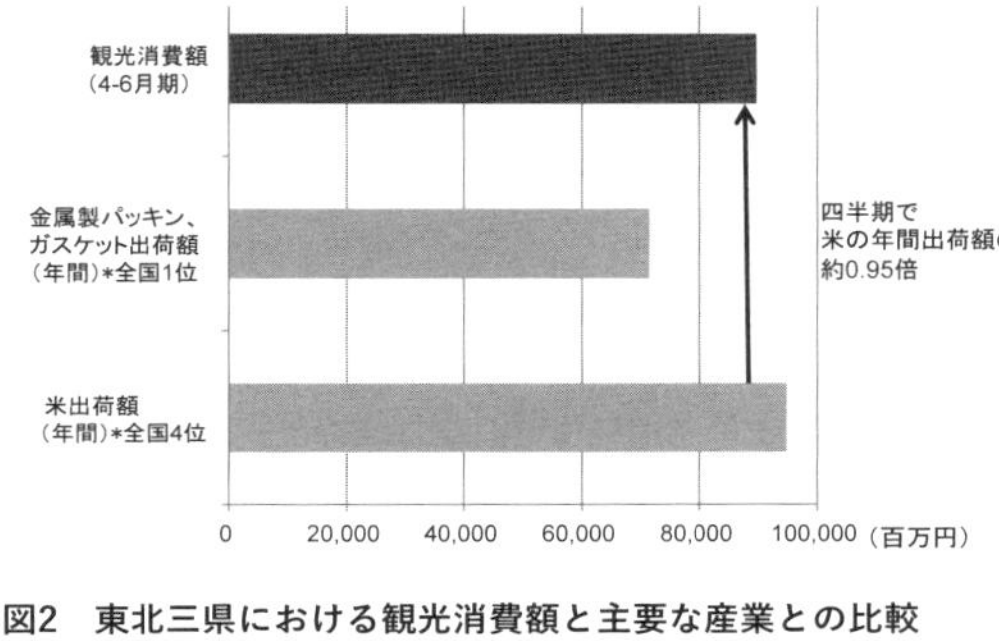

図2　東北三県における観光消費額と主要な産業との比較

出典：観光庁平成22年度版観光白書(概要)

スを埋め合わせることができるかもしれない。少なくとも世界は日本の庶民の味方になってくれるだろう。

加えて、二〇一一年度の『観光白書』は岩手・宮城・福島という東北三県の観光消費額が、それぞれ各県の代表的な産業の規模と比較して、まったく遜色がないことを図示している。たとえば、岩手県観光消費額は年間の農業所得に匹敵し、海面漁業（海面養殖業を除く）の年間産出額を数倍も上回っている。宮城県では、年間の観光消費額は、県内最大の出荷額を誇る食料品製造業と同第二位の電子部品製造業の年間出荷額の中間の位置につけているのである。

観光産業が東北地方の重要な基幹産業の一つであることを数字で裏づけているのだ。

続く章で、『観光白書』は被災地に限らず、一般地域において、観光に関わる産業がどのように集積し、連関し合っているのかを詳細な試験調査をもとに明らかにしている（第一部第三章）。

観光を産業として客観的に論じるに足るデータがようやくそろいつつあるという現状を見ても、今後、観光をさらに冷静に分析する視角を私たちは手に入れる段階についに立ち至ったということができる。

確かに今回の東日本大震災は二度と見たくない悲劇ではあったが、ツーリズムはこれをバネに、新しい客観データに裏打ちされて、物見遊山的なイメージからはっきりと決別し、地域の主要な地場産業として確実に評価されるようになっていくだろう。そして復興にあたっては、早期に人びとに希望を与えるイメージリーダーとしての役割を演じることが期待されるとともに、復興のフロントランナー産業の一つとして、地域に貢献していくことだろう。


（二〇一一年七月）

初出一覧

第1章　文化遺産と歴史まちづくり法

1　文化遺産の可能性――資産から資源へ
▼『環境と公害』三八巻一号、二〇〇八年七月号、岩波書店

2　景観行政のこれまでとこれから
▼『都市問題』二〇一六年六月号、後藤・安田記念東京都市研究所

3　景観・歴史文化施策への期待と注文
▼『公園緑地』六九巻四号、二〇〇八年八月刊、日本公園緑地協会

4　地域の歴史的資源を活かしたまちづくり、そして歴史まちづくり法の制定
▼『国際文化研修』六三号、二〇〇九年四月号、全国市町村国際文化研修所（「歴史まちづくり法の特色と法制定の意義」『季刊まちづくり』二一号、二〇〇九年一月号に加筆）

5　文化財保護の新たな展開――歴史文化基本構想のめざすもの
▼『月刊文化財』二〇一一年一〇月号、文化庁文化財部監修

6　近代化産業遺産にみる新しい文化遺産の発想
▼『とうきょう自治のかけはし』二三号、二〇〇八年三月刊、東京都区市町村振興協会

7　地域遺産としての火の見櫓
▼『火の見櫓――地域の見つめる安全遺産』火の見櫓からまちづくりを考える会編、二〇一〇年、鹿島出版会

第2章　景観整備と都市計画

1　近代日本都市計画の中間決算――より良い都市空間の実現に向けて
▼『都市計画―根底から見なおし新たな挑戦へ』蓑原敬編、二〇一一年、学芸出版社

2　都市計画における風景の思想――百景的都市計画試論
▼『風景の思想』西村幸夫他編、二〇一二年、学芸出版社

3　都市景観マネジメントはどのようにあるべきか

▼『不動産開発事業のスキームとファイナンス（二）激動！不動産』深海隆恒監修、不動産事業スキームファイナンス研究会編、二〇〇九年、清文社

4 身体感覚からの近代都市計画批判──路地を再評価する
▼『都市問題』二〇〇八年七月号、東京市政調査会

5 文化的景観と都市保全学
▼『文化的景観研究集会（第一回）報告書　文化的景観とは何か？──その輪郭と多様性をめぐって』二〇〇九年一二月、奈良文化財研究所

6 景観コントロールの論理──都市計画の視点から
▼『日本不動産学会誌』二二巻三号（通巻八六号）、二〇〇八年一二月刊、日本不動産学会

7 なぜ景観整備なのか、その先はどこへいくのか
▼『住宅』五六巻七号、二〇〇七年七月号、日本住宅協会

8 東京駅とスカイツリーに思う
▼『季刊まちづくり』三七号、二〇一三年一月、学芸出版社

9 都市はわたしたち共通の家である──居住原理からの再出発
▼『新建築　住宅特集』二五七号、二〇〇七年九月号、新建築社

第3章　観光とまちづくり

1 観光政策から見た都市計画
▼『新都市』第六五巻第二号、二〇一一年二月号、都市計画協会

2 歴史を活かしたまちづくりと観光
▼『観光文化』四〇巻三号（通巻二三〇号）、二〇一六年七月刊、日本交通公社

3 自治体観光政策とまちの未来図
▼『地方自治職員研修』二〇一六年一二月号、公職研

4 観光とまちづくり
▼『月刊建設』二〇〇九年二月号、全日本建設技術協会

5 震災復興とツーリズムの役割
▼『観光文化』二〇八号、二〇一一年七月刊、日本交通公社

索引

西村幸夫（にしむら　ゆきお）
1952年、福岡市生まれ。東京大学都市工学科卒、同大学院修了。1996年より東京大学大学院工学系研究科教授。専門は都市計画、都市保全計画、都市景観計画など。工学博士。日本イコモス国内委員会委員長、世界遺跡記念物会議（ICOMOS）元副会長。
主な著書に『西村幸夫 風景論ノート』『西村幸夫　都市論ノート』（以上、鹿島出版会）、『都市保全計画』（東京大学出版会）など。
主な編著書に『世界文化遺産の思想』（東京大学出版会）、『都市経営時代のアーバンデザイン』（学芸出版社）、『まちを読み解く——景観・歴史・地域づくり』（朝倉書店）など。

西村幸夫《にしむらゆきお》 文化《ぶんか》・観光論《かんこうろん》ノート——歴史《れきし》まちづくり・景観整備《けいかんせいび》

2018年 2月25日　　第1刷発行

著　者　　西村幸夫《にしむらゆきお》

発行者　　坪内文生
発行所　　鹿島出版会
〒104-0028　東京都中央区八重洲2-5-14
電話03-6202-5200　振替00160-2-180883
印刷・製本　三美印刷

ISBN 978-4-306-07338-8　C3052

本書の内容に関するご意見・ご感想は下記までお寄せ下さい。
URL: http://www.kajima-publishing.co.jp/
e-mail: info@kajima-publishing.co.jp